新工科·普通高等教育机电类系列教材

五轴数控加工技术实战

主　编　邓　君　黄辉宇
副主编　黄华海　孙振忠
参　编　张　斐　盛伟照　周　琦

机 械 工 业 出 版 社

本书编写的目的是使读者快速掌握生产现场数控加工编程的能力与技巧。全书注重学用结合、学训结合，以 PowerMill 软件应用为平台，以项目任务为引导，采用取自生产实际的先进案例示范教学，并辅设实战训练题目进行同步训练，使读者快速从三轴、四轴到五轴，由浅入深地掌握复杂零件数控编程与加工的方法和技巧。本书学习过程要求读者同步操作训练，书中分单元提供了同步训练的题目，以强化读者的实战能力。

本书的编写特点是紧密结合先进数控加工生产实际，以掌握数控编程加工能力和技巧为本，知识够用为度，力求简单明了，使读者在学习与实践中快速掌握实际复杂零件的数控加工编程方法和技巧，实现快速上机编程与操作。

本书可作为应用型本科、高职院校相关专业产学融合教材使用，也可作为制造业企业数控加工领域人才培养培训的参考教材。

图书在版编目（CIP）数据

五轴数控加工技术实战/邓君，黄辉宇主编. —北京：
机械工业出版社，2023.12
新工科·普通高等教育机电类系列教材
ISBN 978-7-111-73800-8

Ⅰ.①五… Ⅱ.①邓… ②黄… Ⅲ.①数控机床-加工-
高等学校-教材 Ⅳ.①TG659

中国国家版本馆 CIP 数据核字（2023）第 169587 号

机械工业出版社（北京市百万庄大街 22 号 邮政编码 100037）
策划编辑：王勇哲　　　　　　责任编辑：王勇哲　杨　璇
责任校对：宋　安　刘雅娜　　封面设计：张　静
责任印制：常天培
北京铭成印刷有限公司印刷
2023 年 12 月第 1 版第 1 次印刷
184mm×260mm·14.5 印张·357 千字
标准书号：ISBN 978-7-111-73800-8
定价：49.00 元

电话服务　　　　　　　　　网络服务
客服电话：010-88361066　　机　工　官　网：www.cmpbook.com
　　　　　010-88379833　　机　工　官　博：weibo.com/cmp1952
　　　　　010-68326294　　金　书　网：www.golden-book.com
封底无防伪标均为盗版　机工教育服务网：www.cmpedu.com

前　言

装备制造业是一国工业之基石，它为新技术、新产品的开发和现代工业生产提供重要的手段，是不可或缺的战略性产业，即使是发达工业化国家，也无不高度重视装备制造业。近年来，随着我国国民经济的迅速发展和国防建设的需要，大量需求高档数控机床。机床是一个国家制造业水平的象征，而代表机床制造业最高境界的是五轴联动数控机床系统，从某种意义上说，它反映了一个国家的工业发展水平。

五轴联动数控机床系统对一个国家的航空、航天、军事、精密器械、高精医疗设备等行业有着举足轻重的影响力。人们普遍认为，五轴联动数控机床系统是解决叶轮、叶片、船用螺旋桨、重型发电机转子、汽轮机转子、大型柴油机曲轴等加工的唯一手段。所以，每当人们在设计、研制复杂曲面遇到无法解决的难题时，往往转向求助五轴联动数控机床系统。由于五轴联动数控机床系统价格十分昂贵，加之 NC 程序制作较难，使五轴系统难以"平民"化应用。近年来，随着计算机辅助设计（CAD）、计算机辅助制造（CAM）系统取得突破性发展，我国多家数控企业纷纷推出五轴联动数控机床系统，打破了外国的技术封锁，占领了这一战略性产业的制高点，大大降低了其应用成本，从而使我国装备制造业迎来了一个崭新的时代！以信息技术为代表的现代科学的发展为装备制造业注入了强劲的动力，同时也对它提出了更高要求，更加突出了装备制造业作为高新技术产业化载体在推动整个社会技术进步和产业升级中无可替代的基础作用。

作为国民经济增长和技术升级的原动力，以五轴联动为标志的装备制造业将伴随着高新技术和新兴产业的发展而共同进步。我国不仅要做世界制造的大国，更要做世界制造的强国。预计在不久的将来，随着五轴联动数控机床系统的普及推广，必将为我国成为世界制造强国奠定坚实的基础。

五轴加工（5 Axis Machining）是数控机床加工的一种模式。根据 ISO 的规定，在描述数控机床的运动时，采用右手直角坐标系。其中平行于主轴的坐标轴定义为 Z 轴，绕 X、Y、Z 轴的旋转坐标轴分别为 A、B、C。各坐标轴的运动可由工作台或刀具的运动来实现，但方向均以刀具相对于工件的运动方向来定义。通常五轴联动是指 X、Y、Z、A、B、C 中任意五个坐标轴的线性插补运动。

换言之，五轴是指 X、Y、Z 三个移动轴加任意两个旋转轴。相对于常见的三轴（X、Y、Z 三个自由度）加工而言，五轴加工是指加工几何形状比较复杂的零件时，需要加工刀具能够在五个自由度上进行定位和连接。

五轴加工所采用的机床通常称为五轴机床或五轴加工中心。五轴加工常用于航天领域，加工具有自由曲面的机体零部件、涡轮机零部件和叶轮等。五轴机床可以不改变工件在机床上的位置而对工件的不同侧面进行加工，可大大提高棱柱形工件的加工效率。

本书以 Autodesk PowerMill（简称为 PowerMill）软件应用为平台，以项目任务为引导，帮助读者快速掌握从三轴、四轴到五轴的数控编程和加工方法，由简单至复杂地掌握多面体复杂曲面零件数控编程加工的实用方法与技巧。

PowerMill 是一款专业的 CAD/CAM 软件，该软件面向工艺特征，利用工艺知识并结合智能化设备对数控加工自动编程的过程进行优化，其三轴与五轴编程功能独树一帜、领先世界。该软件服务于很多世界顶级制造企业，本书选用的软件版本为 PowerMill 2017。

本书中的五轴数控加工编程是对空间曲面零件做出复杂的三维空间曲线刀具路径的过程，需要对三轴刀具路径策略有非常熟练的掌控力和足够的空间想象力，是对基础知识的深度挖掘，充分体现出对系统复杂思维能力和信息处理能力的培养。同时书中五轴加工编程过程中更强调刀具路径的安全性、典型的编程质量事故案例以及 VERICUT 软件仿真案例，着重强调了安全意识、质量意识等职业核心素养培养。分组讨论可以让课堂更活跃，让交际与沟通能力、管理能力、团队协作能力等职业能力的培养同样也得到延伸。

本书深度融合企业数控加工工艺、企业标准、企业案例，对零件的生产流程进行全方位讲解，丰富的案例库可让读者掌握不同零件的工艺思路，多角度解决实际问题，并提高分析和解决实际复杂问题的能力及实践动手技巧，以达到数控编程工程师的培养目标。本书从工厂实战的角度讲解 PowerMill 软件的编程技术，可帮助从事 PowerMill 数控编程的人员少走弯路，从而尽快掌握工程实际编程技术和技巧。

本书的编写特点是项目任务引领、案例化示范教学，以普通三轴数控加工编程为教学起点，再分层次由浅入深地讲解四轴、五轴数控加工编程案例、方法和技巧，并提供同步训练的实战题目，促进编程实战和上机操作能力不断提高，使读者数控编程能力由低阶快速提升到高阶的技术水平。

本书共分七个教学项目，具体任务如下：

项目一：PowerMill 数控编程基础与实战训练。了解软件界面的功能区和刀具路径生成要素，熟练软件的基本操作，通过案例和实战训练掌握"边界"与"参考线"的使用，为后面的学习打下基础。

项目二：以电池盖模仁为数控加工编程主要内容，通过电池盖模仁编程案例的讲解介绍三轴数控加工编程的几种最常用刀具路径策略和编程加工工艺，并进行同步实战训练。

项目三：以电池盖模仁程序检查和出程序单为主要内容，讲解数控加工编程中常见事故案例和程序检查中的注意事项，并对电池盖模仁的程序进行仿真模拟检查和出程序单。

项目四：四轴及五轴数控编程与实战训练。案例化讲解多轴数控编程方法和技巧，通过典型案例讲解四轴、五轴刀轴设置和策略；通过螺杆、螺旋桨等编程案例使读者熟练掌握多轴编程方法和技巧。

项目五：五轴机床操作及加工与实战训练。本项目包含了五轴机床的基本操作、五轴叶轮的 VERICUT 仿真操作，以及在五轴机床上把五轴叶轮加工出来的过程，同步进行实战训练。

项目六：数控加工工艺基础知识和注意事项。本项目包含了模具开发流程、零件加工工艺卡、公差标准、刀具参数以及编程工艺等。

项目七：全面、系统地讲解四个具体的多轴数控编程案例，包括遥控器模仁编程案例、五轴叶轮编程案例、大力神杯五轴编程案例及模具模架编程案例，全面拓展和提高读者数控加工编程的实战能力。

本书各部分内容由任务概要、单元知识、案例讲解或演示、实战训练、思考题、分组讨论和评价等构成，各部分紧密结合当前数控加工生产实际，学用、学训结合，注重实际操作能力培养和训练，形成了分层次渐进式提升数控编程能力和技巧的特点。

本书案例多取自工厂一线，并进行有利于教学的知识重构和再组织，指导性、实战性和实用性强，读者可以通过课后练习题和实战训练题巩固和消化所学知识，取得举一反三的效果。本书所有编程参数都经过优化设置，不但可以作为初级数控加工编程人员学习之用，也可以供中级和高级数控加工编程人员学习参考。

参加本书编写的有东莞理工学院的邓君、黄辉宇、孙振忠和张斐，东莞理工学院先进制造学院（长安）的黄华海，广东联合五轴培训中心的盛伟照，以及优胜模具职业培训学校的周琦。

在编写过程中，编者参考了大量企业的生产案例和资料，有多位专家、学者对本书的编写提出了宝贵意见，在此向他们的无私奉献和辛勤付出表示衷心感谢！

由于编者水平有限，加之时间仓促，书中难免会存在一些错误和不妥之处，敬请广大读者批评指正。

编　者

目　录

项目一
>>>>> PowerMill数控编程基础与实战训练

单元 1　**PowerMill 数控编程入门与实战训练**

一、任务概要

任务目标: 初步了解数控加工技术,认识 PowerMill,熟悉其工作界面;总体了解 PowerMill 软件的使用;掌握刀具创建、毛坯创建、坐标系创建的方法。

掌握程度: 熟练掌握刀具创建、毛坯创建、坐标系创建的方法和技巧。

主要教学任务: 介绍数控加工技术应用,认识 PowerMill 和工作界面,讲解刀具创建、快进高度、切入切出连接、毛坯等编程方法。

条件配置: PowerMill 2017 软件,Windows 7 系统计算机。

训练任务: 完成遥控器模仁(即型芯)的毛坯创建、螺杆的毛坯创建、刀具创建。

任务书:

任务名称	遥控器模仁、螺杆、刀具、毛坯、坐标系创建
任务要求	完成刀具、毛坯、坐标系的创建
任务设定	1. 毛坯图:无 2. 零件图:遥控器模仁、螺杆、刀具 3. 毛坯材料和技术要求:模具钢、铝件
预期成果	阶段完成任务:创建遥控器模仁、螺杆的毛坯,创建刀具(创建过程软件界面,部分截图)

二、单元知识

1. 界面介绍

启动 PowerMill 2017,出现如图 1-1 所示的软件界面。缺省设置没有调出全部工具栏,可以在菜单栏中选择"查看"→"工具栏"选项,或者在工具栏空白处右击,勾选所需的工具栏。

2. 模型的输入输出方法

目前,世界上有数十种著名的 CAD/CAM 软件,每一个软件的开发商都以自己的小型几何数据库和算法来管理和保存图形文件,各个软件的文件扩展名和格式各不相同。为此,

图 1-1　软件界面

PowerMill 公司研究出高级语言程序与 CAD 系统之间的交换图形数据，实现产品数据的统一管理。通过数据接口，PowerMill 软件可以与 Pro/E、Mastercam、UG、CATIA、IDEAS、SolidEdge、SolidWorks 等软件共享图形信息。

模型输入的方法有两种：第一种可以在菜单栏中选择"文件"→"输入模型"选项；第二种方法就是直接将文件拖曳到图像显示区。

模型输出的方法是在菜单栏中选择"文件"→"输出模型"选项。

3. 鼠标操作和快捷键操作

（1）鼠标操作　三个鼠标按键在 PowerMill 中分别具有不同的动态操作功能。

1）选取。使用鼠标左键可从下拉菜单和表格中选取选项，在图形视窗中选取几何元素。选取方式由查看工具栏中的两个图标控制，缺省设置是方框选取。

①方框选取方法。将光标置于某个元素上，如曲面模型上的某个位置，按下鼠标左键后，该几何元素将变为白色，表示该几何元素被选取。此时，如果点取另一曲面，则另一曲面被选取。按下〈Shift〉键的同时使用鼠标左键选取，则原始选项和新选项将同时被选取。按下〈Ctrl〉键的同时单击曲面，则该曲面将从已选选项中移去。

②拖放光标选取方法。选取此选项后，拖放光标，则拖放光标所覆盖的区域均将被选取，这种方法尤其适合于在模型中快速选取包含多张曲面的区域。按下〈Ctrl〉键的同时进行拖放，则可取消拖放区域的几何元素选取。

2）放大和缩小。同时按下〈Ctrl〉键，上下滚动鼠标中键，可放大或缩小视图。

3）平移模型。同时按下〈Shift〉键和鼠标中键，移动鼠标，可将模型按鼠标移动方向平移。

4）旋转模式。按下并保持鼠标中键，移动鼠标，屏幕上将出现一跟踪球，模型可绕跟踪球中心旋转。

5）动态旋转查看。旋转查看并快速释放鼠标中键即可进行动态旋转查看。鼠标中键的移动速度越快，旋转速度就越快。此功能的缺省设置为关。

6）特殊菜单。按下鼠标右键后将调出一个相应菜单，菜单的内容取决于光标所处位置，如 PowerMill 浏览器中的一个几何元素名称或是图像显示区中的某个物理元素。如果光标下无几何元素，则调出查看菜单。

鼠标各键功能见表 1-1。

表 1-1 鼠标各键功能

名称	操作	功能
左键	单击	选取因素（包括点、线、面）、毛坯、刀具、刀具路径等
中键	按下中键不放，并且移动鼠标	旋转模型
	〈Ctrl〉键+滚动中键	缩放模型
	〈Shift〉键+中键	平移模型
右键	在图像显示区右击	在不同图素上右击时，可弹出关于该图素的快捷菜单
	在资源管理器右击	调出用户自定义的快捷菜单
	在资源管理器右击+〈E+D〉组合键	删除已选刀具路径

（2）快捷键操作 在编程时经常使用的快捷键见表 1-2，对于想要熟练操作软件或者初步接触软件的读者，掌握以下操作方法有利于后续的学习及提高使用软件的熟练度。

表 1-2 PowerMill 快捷键及其功能

快捷键名	功能	快捷键名	功能
〈F1〉	打开帮助表	〈Ctrl+8〉	$-Y$ 视角
〈F2〉	显示模型线框	〈Ctrl+9〉	ISO3 视角
〈F3〉	显示阴影模型	〈Ctrl+0〉	$+Z$ 视角
〈F4〉	显示可见部分	〈Ctrl+S〉	保存项目
〈F6〉	图素全屏显示	〈Ctrl+H〉	光标显示为十字形式开关
〈Ctrl+1〉	ISO1 视角	〈Ctrl+Alt+B〉	毛坯显示开关
〈Ctrl+2〉	$+Y$ 视角	〈Ctrl+F1〉	查询帮助信息
〈Ctrl+3〉	ISO2 视角	〈Ctrl+T〉	光标显示为刀具开关
〈Ctrl+4〉	$+X$ 视角	〈Ctrl+J〉	隐藏已选元素
〈Ctrl+5〉	$-Z$ 视角	〈Ctrl+K〉	隐藏未选元素
〈Ctrl+6〉	$-X$ 视角	〈Ctrl+L〉	显示全部元素
〈Ctrl+7〉	ISO4 视角	〈Ctrl+Y〉	隐藏切换选项

4. 毛坯的创建

粗加工刀具路径的计算是基于零件与毛坯之间存在的体积差来进行的。毛坯的大小决定了加工区域的范围，有了毛坯才能计算出刀具路径，因此毛坯也常用于限制加工区域。

创建毛坯的操作步骤就是在主工具栏上单击"毛坯"按钮，或者在调出的刀具路径策略的设置上单击"毛坯"按钮，就出现如图 1-2 所示的表格。

在实际加工中，毛坯不全是方形的，编程员可以根据特征外形形状来设定毛坯形状。毛坯的创建方法如下：

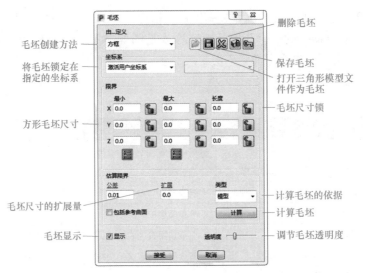

图 1-2　毛坯表格

1）方框。定义一个方形体积块作为毛坯，有两种创建方法：其一，在毛坯"限界"选项组中直接输入 X、Y、Z 的数值，然后按〈Enter〉键就完成毛坯创建；其二，框选模型的面，然后单击"计算"按钮，这样就获得毛坯。

2）图形。利用现有的二维图形文件（扩展名为 .pic）来创建毛坯，毛坯 Z 方向尺寸要手工输入。

3）三角形。利用现有的三角形模型文件（扩展名为 .dmt、.tri、.stl）直接作为毛坯。这种方法与利用图形创建毛坯相似，不同的是，图形是二维的线框，而三角形是三维模型。

4）边界。利用已经创建好的边界定义毛坯，毛坯 Z 方向尺寸要手工输入。

5）圆柱体。创建圆柱体毛坯。

5. 刀具路径连接设置

（1）计算快进高度（安全区域/快进移动）　快进高度关系到刀具的进刀高度、抬刀高度和刀具路径连接高度等内容，若设置不当，则在切削过程中会引起刀具与工件相撞，而每生成下一条刀具路径都会继承上一条激活刀具路径的快进高度。

快进间隙是刀具由最终切削点撤回后抬到安全区域的高度。

下切间隙是刀具从安全高度向下移动到新的下刀点所走的距离。

在生成第一条刀具路径时必须设置好快进高度，如图 1-3 所示。PowerMill 以红色的线代表快进移动；以浅蓝色的线代表下切移动；以绿色线代表切削移动。一般情况下，单击"计算"按钮，所有数值会自动得出，但要注意在单击"计算"按钮前，不要在图像显示区中选择曲面。

图 1-3　"安全区域"选项卡

在"安全区域"选项卡中定义快速移动允许发生的空间位置。此空间可以是以下四种情况：

1）平面是指快速移动是在以 I、J、K 三个分矢量定义好的一个平面上进行的，这个平面可以不与机床 Z 轴垂直。此选项多用于固定三轴加工以及 3+2 轴加工。

2）圆柱体是指快速移动是在以圆心、半径、圆柱轴线方向定义的一个圆柱体的表面上进行的。该选项多用于加工旋转体的刀具路径。

3）球是指快速移动是在以圆心、半径定义的一个球体的表面上进行的。该选项也多用于加工旋转体的刀具路径。

4）方框是指快速移动是在以角点和长、宽、高尺寸定义的一个方形体的表面上进行的。

快进高度可以在主工具栏上单击"快进高度"按钮进行设置，如图 1-4 所示。

图 1-4　快进高度的设置

（2）设置刀具路径的开始点和结束点　刀具路径的开始点和结束点至关重要，尤其是在多轴或者五轴的编程过程中更为重要。如果设置错误直接会导致刀轴和刀具在进退刀时与工件或者夹具发生碰撞。我们可以通过在主工具栏上单击"开始点和结束点"按钮，弹出如图 1-5 所示选项卡进行设置。

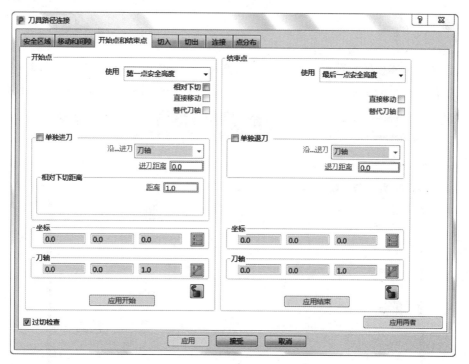

图 1-5　"开始点和结束点"选项卡

开始点是指在切削开始之前刀尖的初始停留点，结束点是指在程序执行完毕后刀尖的停留点；进刀点是指在单一曲面的初始切削位置上刀具与曲面的接触点，退刀点是指在单一曲面切削完毕时刀具与曲面的接触点。

一般来说，在进行三轴编程时可以直接设定开始点为第一点安全高度，如图 1-6 所示，设定结束点为最后一点安全高度，这样就不用频繁对后面刀具路径的开始点和结束点进行更改，而且更安全。

开始点和结束点的设置方法与过程是完全相同的，就是选择"开始点和结束点"选项卡中的"使用"下拉列表框中包含的四个设定开始点和结束点位置的选项。而设置进刀位置和替代刀轴在后面的编程中很少使用，在此就不单独陈述。

（3）设置刀具路径切入切出方式　一条完整的刀具路径包括靠近段、切入段、切削段、连接段、切出段和撤出段六段，如图 1-7 所示。

刀具路径的切削段由粗、精加工策略计算出来，其余组成部分则一般通过设置刀具路径切入、切出和连接的参数计算出来。

图 1-6　选择"第一点安全高度"

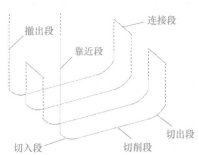

图 1-7　刀具路径各段名称

切入、切出和连接的参数可以通过单击"切入""切出"或者"连接"选项卡来设置，切入与切出都有一样的选项。图 1-8 所示为切入的设置界面。图 1-9 所示为切出的设置界面。

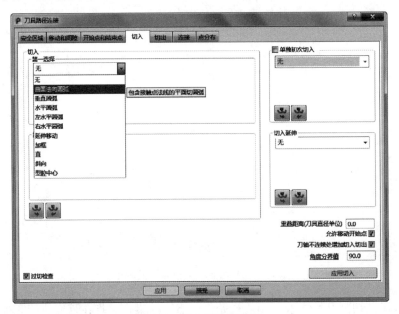

图 1-8　切入的设置界面

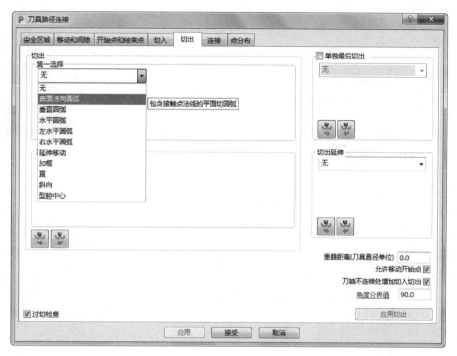

图 1-9　切出的设置界面

主要的切入方式如下：

1）无。刀具直接切入毛坯，不对初次切入做方式设置。

2）曲面法向圆弧。在由刀具路径相切方向线和工件表面法向线组成的平面上，刀具以切向圆弧切入。图 1-10 所示为曲面法向圆弧的参数定义。图 1-11 所示为曲面法向圆弧刀具路径。

图 1-10　曲面法向圆弧的参数定义

图 1-11　曲面法向圆弧刀具路径

3）垂直圆弧。在工件 XOY 平面的垂直平面上，在刀具路径的切入端插入一段垂直圆弧。由于垂直圆弧切入延伸了刀具路径，因此要勾选"切入"选项卡中的"过切检查"复选框，让系统自动进行过切检查。按图 1-12 所示设置垂直圆弧，可得出图 1-13 所示的垂直圆弧刀具路径。

4）水平圆弧。在工件 XOY 平面的平行平面上，在刀具路径的切入端插入一段水平圆弧。这种类型的切入最适合在一恒定 Z 高度上运行的刀具路径，或者是 Z 高度变化较小的刀具路径。由于水平圆弧也会延伸刀具路径，因此要勾选"切入"选项卡中的"过切检查"复选框，以防止切入路径发生过切。图 1-14 所示为水平圆弧刀具路径。

图 1-12　设置垂直圆弧

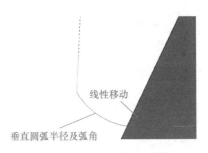

图 1-13　垂直圆弧刀具路径

5）左水平圆弧。与水平圆弧的含义以及参数设置相同，区别在于左水平圆弧只产生在切削方向的左侧。

6）右水平圆弧。与水平圆弧的含义以及参数设置相同，区别在于右水平圆弧只产生在切削方向的右侧。

7）延伸移动。在刀具路径的切入端插入一段直的、与切入刀具路径相切的路径。按图 1-15 所示设置延伸移动，延伸移动刀具路径如图 1-16 所示。

图 1-14　水平圆弧刀具路径

图 1-15　设置延伸移动

图 1-16　延伸移动刀具路径

8）加框。在刀具路径的切入端插入一段水平直线移动路径。选取此选项，系统要求输入直线端的长度。

9）直。与加框相似，在刀具路径的切入端插入一段直线移动路径，该直线段还可以进一步设置与切削方向的夹角。

10）斜向。切入刀具路径是斜向路径，包括刀具路径、直线、圆三种形式的路径。图 1-17 所示为斜向切入刀具路径。图 1-18 所示为斜向切入选项。

11）型腔中心。如果切入始于型腔中心且切出终于型腔中心，那么切入是一段相切的路径。型腔中心必须是封闭的中心。

"切入""切出"选项卡中选项含义如图 1-19 所示。

（4）设置刀具路径连接方式　连接功能用于设置刀具路径两相邻段之间的过渡形式。为优化刀具路径连接，系统提供了多种连接方式。PowerMill 将刀具路径段间的连接分为短连接、长连接和缺省连接三种，系统还允许定义刀具撤回和接近移动的方式。

长/短分界值：输入一个数值，用于定义长连接和短连接的分界值。刀具路径段间的距离小于此值时，当作短连接来处理；反之，则当作长连接处理。

图 1-17　斜向切入刀具路径

图 1-18　斜向切入选项

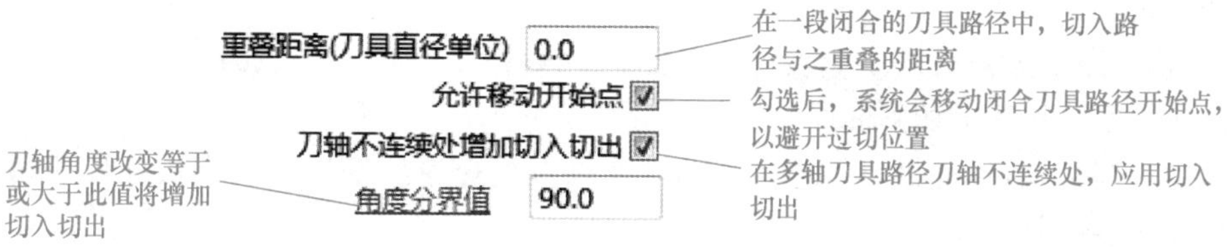

图 1-19　"切入""切出"选项卡中选项含义

刀具路径连接方式的功能及应用介绍如下（图 1-20）：

图 1-20　刀具路径连接方式

1）安全高度。刀具以 G00 速度快速撤回到"快进高度"文本框设定的安全 Z 高度平面上，进行短连接后，快速下降到"快进高度"文本框设定的 Z 高度平面上，然后以 G01 速度下切到刀位点。

2）相对。与安全高度相似，不同的是，进行短连接后刀具快速下降到距刀位点指定相对距离的平面上，然后再下切。这个相对距离值是在"移动和间隙"选项卡中"相对下切距离"文本框里设置。

3）掠过。与"移动和间隙"选项卡中的"轴向间隙"和"径向间隙"是直接相关联的。例如，当设置"轴向间隙"为"20"且"相对下切距离"为"1"时，则刀具以 G00 速度快速撤回到曲面最高点以上 20mm 处，快速移动到邻近刀具路径段，然后再快速下降到距刀位点 1mm 处，然后以下切速率切入毛坯（图 1-21）。

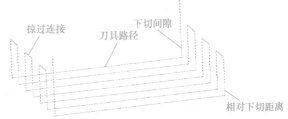

图 1-21　掠过连接刀具路径

4）在曲面上。短连接沿相切曲面进行。这种情况下很少发生提刀，此选项多用于精加工刀具路径。

5）下切步距。刀具在发生短连接的刀位点高度平面上做直线连接移动，直至到达下一刀具路径开始处，然后下切到曲面。

6）直。刀具沿着曲面做直线连接移动。如果直线短连接发生过切，系统自动用长连接代替该直线连接部分。

7）圆形圆弧。短连接沿曲面做圆弧移动。这种连接多用于半精和精加工的刀具路径上，也经常用于减少抬刀次数的残留开粗刀具路径上。

6. 设置进给和转速

进给和转速可以在计算刀具路径之前设置，也可以在计算刀具路径之后设置，刀具路径计算之前设置时可以通过在刀具路径策略界面上单击"进给和转速"按钮，如果计算完刀具路径，想更改进给和转速，那么可以单击主工具栏上的"进给和转速"按钮来进行更改（图 1-22）。

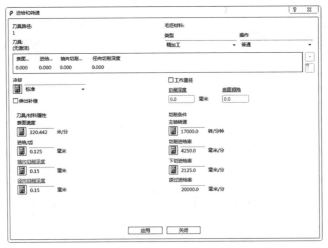

图 1-22　"进给和转速"参数设置

企业里的 CNC（数控机床）编程员无须手动更改刀具路径里的进给和转速，因为每个编程员都共用一个之前已经创建好的刀库，直接调用刀库里的刀具，而刀具已经加载保存了不同类型和操作下的进给和转速。因此，编程员只需更改类型和操作即可得到想要的进给和转速。

7. 坐标系

在编程或者加工时都要涉及不同的坐标系，有些坐标系是模型上自带的，有些坐标系是编程用的，有些坐标系是用来输出 NC 代码的，不同坐标系的概念如下：

（1）世界坐标系　世界坐标系即 CAD 模型的原始坐标系。如果 CAD 模型中有多个坐标系，系统默认零件的第一个坐标系为世界坐标系。

（2）用户坐标系　用户坐标系是编程员为满足加工、测量等需要而建立在世界坐标系基础上的坐标系。一个模型可以有多个用户坐标系。

（3）编程坐标系　编程坐标系是计算刀具路径时使用的坐标系。在 3+2 轴加工时常常创建并激活一个用户坐标系，此用户坐标系即为编程坐标系。

（4）后置 NC 代码坐标系　对刀具路径进行后处理计算，需要指定一个输出 NC 代码的坐标系。一般情况下，编写刀具路径时使用的编程坐标系就是后置 NC 代码坐标系。在特殊情况下，如在编程坐标系用错了但不影响加工的情况下，可以再创建一个后置 NC 代码坐标系输出。

右击资源管理器上的用户坐标系，将出现几种产生用户坐标系的方式，如图 1-23 所示；也可以单击软件界面左下角的按钮，就会弹出产生并定向用户坐标系的方式选项。

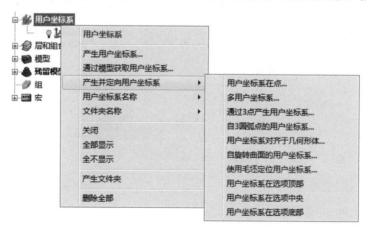

图 1-23　产生用户坐标系的方式

8. 刀具创建

在 PowerMill 的资源管理器中，右击"刀具"选项，再选择"产生刀具"选项，弹出刀具类型子菜单，如图 1-24 所示。在刀具类型子菜单中，选择"刀尖圆角端铣刀"选项，弹出"刀尖圆角端铣刀"对话框。刀尖参数的设置及具体含义如图 1-25 所示。

填完刀尖参数后，单击"刀柄"选项卡，如图 1-26 所示，单击"添加刀柄"按钮，填写刀柄参数，即创建刀柄。软件所讲的刀柄部分区别于通常所说的刀柄，它不是指通常意义上的刀柄（如 BT30 刀柄），而是指刀具的光杆部分。

填写完刀柄参数后，单击"夹持"选项卡，再单击"添加夹持"按钮，填写夹持参数，创建出刀具的夹持部件，如图 1-27 所示。

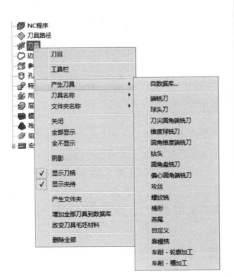

图 1-24　产生刀具的方式

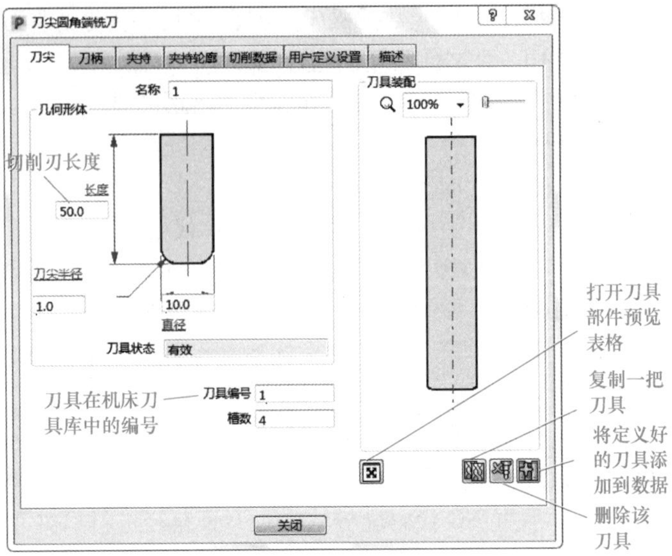

图 1-25　刀尖参数的设置及具体含义

添加刀柄　删除当前刀柄　删除全部刀柄

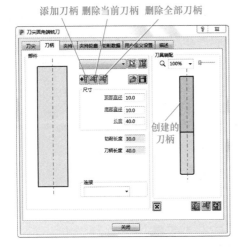

图 1-26　创建刀柄

添加夹持　删除当前夹持　删除全部夹持

图 1-27　创建夹持

在"刀尖圆角端铣刀"对话框中，单击"切削数据"选项卡，再单击"编辑切削数据"按钮，打开"编辑切削数据"表格，如图 1-28 所示。在表格中，按刀具属性，填入刀具/材料属性、切削条件即可。

一把完整刀具的结构如图 1-29 所示。

9. 图层与组合操作

图层是管理图素的工具，是大多数图形、图像处理软件都具备的功能。对于一些复杂的模型，图层的管理使用会大大提高编程选面的效率；对于 PowerMill 中的叶盘模块也利用图层进行参数设置。

为了更好地管理图素，PowerMill 中还提出了组合的概念。组合的功能及其操作与图层基本一致，它们的区别如下：

图 1-28　切削数据设置

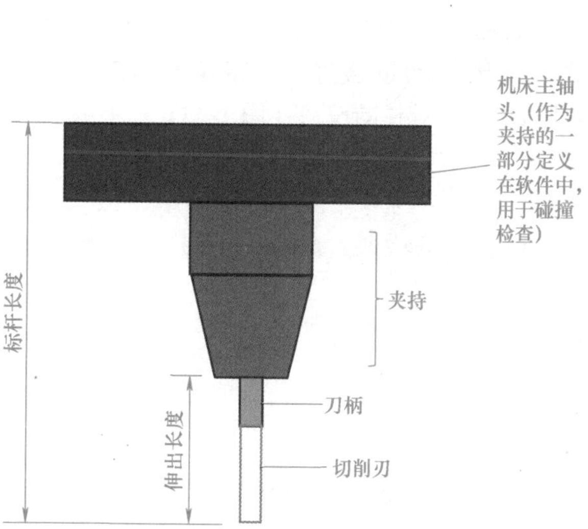

图 1-29　一把完整刀具的结构

1）对层来说，一个面只能位于一个层中，相同面不能位于不同层。当几个面获取到层后，就不能删除该层。

2）与层不同的是，一个面可分别位于不同的组合中，也就是说不同组合中可以有相同的面。当面分配到组合后，组合仍然可被删除。

新产生的层是空层，里面是没有任何内容的。往层里面添加图素的步骤如下：

① 在模型上选取一个面，若要多选几个面，可以按〈Shift〉键后再去选择第二、第三甚至第 n 面。如果选了一个不想选的面，可以按〈Ctrl〉键后选中该面进行删除。

② 右击资源管理器上的"层和组合"选项，在弹出的快捷菜单中选择"产生层"选项（图 1-30），即可产生新层。右击新产生的层，在弹出的快捷菜单中选择"获取已选模型几何形体"选项（图 1-31），系统就会将选定的面添加到指定的层中。

图 1-30　产生层

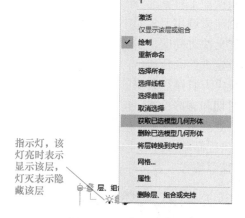

图 1-31　层右击的选项

10. 主工具栏及刀具路径工具栏

在编程中，主工具栏和刀具路径工具栏使用的频率很高，当需要更改部分刀具路径参数时，可以通过主工具栏进行更改，而不用在刀具路径工具栏中更改，当对生成的一条刀具路径进行编辑时，可以通过刀具路径工具栏进行。因此，对主工具栏的按钮（图 1-32）和"刀具路径"工具栏的按钮（图 1-33）需要有一定了解。

图 1-32　主工具栏的按钮

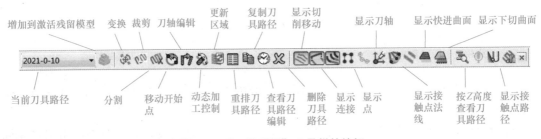

图 1-33　"刀具路径"工具栏的按钮

11. 编程步骤

使用 PowerMill 对零件进行数控编程时，需要按步骤操作，这些步骤对所有零件的编程加工都是通用的。加工不同零件时，只是刀具策略、刀具路径编辑的不同。编程时主要的编程步骤如下：

1）输入 CAD 模型。

2）定义坐标系、设置毛坯。根据零件加工工艺基准定义编程坐标系，再使用该坐标系创建毛坯。

3）根据加工对象选择刀具路径策略。

4）创建或调用刀具库中的刀具。

5）定义快进高度，定义开始点和结束点，设置切入、切出和连接。

6）设定进给和转速。

7）设定刀具路径策略的其他参数，并计算刀具路径。

8）过切和碰撞检查，仿真模拟。

9）后处理，生成 NC 程序。

10）出程序单。自动生成用于指导操作机床加工的工艺文件。

11）保存编程项目文件。

三、遥控器模仁毛坯创建案例演示

案例 1：跟随课程进程逐一熟悉：PowerMill 2017 软件界面及常用工具栏；常用鼠标操

作和快捷键操作。

案例 2：根据给定、方形件的毛坯尺寸和加工尺寸参数，完成坐标系和毛坯设定。

提示：使用遥控器模仁（图 1-34）创建开粗毛坯和坐标。

1）输入模型：将遥控器模仁模型拖曳到 PowerMill 界面显示区域中。

2）创建编程坐标系。

① 单击框选模型，如图 1-35 所示。

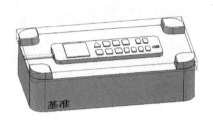

图 1-34　遥控器模仁

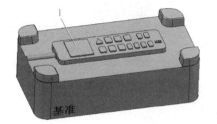

图 1-35　框选模型

② 选择主工具栏中的"毛坯"选项，弹出"毛坯"对话框，在"由… 定义"下拉列表框中选择"方框"选项，在"坐标系"下拉列表框中选择"世界坐标系"选项，然后单击"计算"按钮，再勾选"显示"复选框。

③ 在软件界面左下角单击"产生新的用户坐标系"按钮，在弹出的列表中单击"使用毛坯定位用户坐标系"按钮，在图像显示区中选择模型的左下角（基准位置）下方的点，然后激活生成坐标系 1，具体操作如图 1-36 所示。

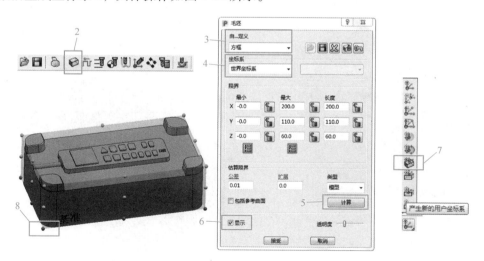

图 1-36　创建坐标系的步骤

3）创建开粗毛坯。

① 在软件界面右边的"查看"工具栏（图 1-37）中单击"从右边查看"按钮，显示出的模型如图 1-38 所示。单击框选模型正面（顶面的所有面），如图 1-38 中框 1 所示，然后在按住〈Ctrl〉键的同时框选框 2（图 1-38），选好的面如图 1-39 所示。

② 单击主工具栏中的"毛坯"按钮，弹出"毛坯"对话框（图 1-40），在"由…

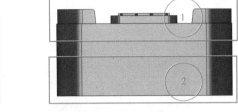

图 1-37 "查看"   图 1-38 选取正面   图 1-39 选好的面
工具栏

定义"下拉列表框中选择"方框"选项，在"坐标系"下拉列表框中选择"坐标系 1"选项，然后单击"计算"按钮，再勾选"显示"复选框，在"限界"选项组中将 Z 值最大改为"60.5"。

③ 在"查看"工具栏中单击"ISO 视角"按钮，创建好的毛坯如图 1-41 所示。

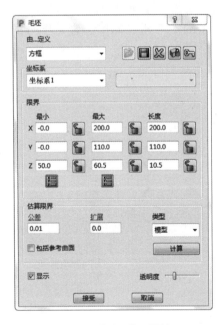

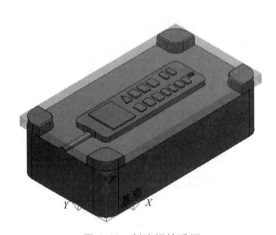

图 1-40 "毛坯"对话框   图 1-41 创建好的毛坯

案例 3：创建一把直径 10mm 的刀具，进行刀尖、刀柄和刀轴的创建。

提示：在软件中按要求创建一把带设定参数的刀具。

1）右击资源管理器中的"刀具"选项，再选择"产生刀具"→"端铣刀"选项（图 1-42）。

2）在弹出的"端铣刀"对话框中，修改刀具直径为"10.0"，长度为"30.0"，刀具编号为"1"（图 1-43）。

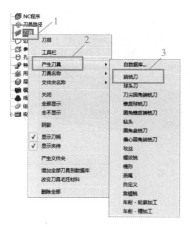

图 1-42　产生刀具

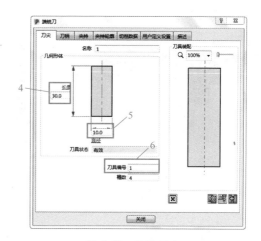

图 1-43　设置刀尖

3）单击"刀柄"选项卡，再单击"添加刀柄"按钮，并修改长度为"40.0"，顶部直径和底部直径为"10.0"（图 1-44）。

4）单击"夹持"选项卡，再单击"添加夹持"按钮，并修改长度为"40.0"，顶部直径和底部直径为"40.0"，伸出改为"40.0"（图 1-45）；再次单击"添加夹持"按钮，并修改长度为"40.0"，顶部直径和底部直径为"80.0"；再次单击"添加夹持"按钮，并修改长度为"60.0"，顶部直径和底部直径为"200.0"。

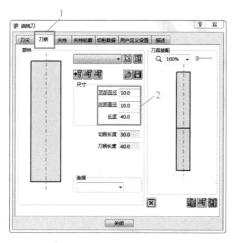

图 1-44　设置刀柄

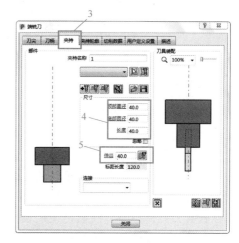

图 1-45　设置夹持

5）先在图像显示区中产生的刀具上右击，然后选择"阴影"选项，产生的刀具阴影显示如图 1-46 所示。

案例 4：通过单条刀具路径讲解安全高度、快进间隙、下切间隙以及切入、切出、连接。

提示：创建一条开粗刀具路径（图 1-47），演示讲解刀具路径构成，理解参数设定意义。

图 1-46　产生的刀具阴影显示

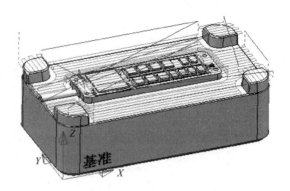

图 1-47　开粗刀具路径

四、实战训练

训练 1：跟随课程进程逐一熟悉：PowerMill 2017 软件界面及常用工具栏；常用鼠标操作和快捷键操作。

训练 2：对螺杆创建如图 1-48 所示的坐标系，并创建圆柱体毛坯。

图 1-48　螺杆

训练 3：创建一把直径 6mm 的 BT30 刀柄的刀具，包括刀尖、刀柄和刀轴的创建，具体步骤参考案例 3 的演示操作过程。

五、思考题

1）调研我国制造企业近年来在数控编程加工中常用的几个国内外编程软件，指出各软件的优劣，并结合现今国际形势指出我国自主研发工程软件的必要性。

2）查看刀具路径时，浅蓝色线代表什么？红色线又代表什么？刀具路径包括哪几段？

3）阐述一下零件从开始编程到完成编程的整个流程步骤。

4）刀具路径如何影响加工效率和加工精度？

六、分组讨论和评价

（1）分组讨论　5~6 人一组，探讨训练 2 和训练 3 的最佳解决方案，并进行成果讲解；班级评出最佳解决方案和讲解（考核参考）。

（2）评价（自评和互评）　请根据任务概要进行自评和互评。

单元 2 边界设置与实战训练

一、任务概要

任务目标：认识边界定义，了解边界使用范围，掌握边界设置方法和技巧。

掌握程度：熟练掌握边界设置方法和技巧。

主要教学任务：讲解工具栏边界操作、边界定义与技巧。

条件配置：PowerMill 2017 软件，Windows 7 系统计算机。

训练任务：电池盖模仁和遥控器模仁边界设置技巧。

任务书：

任务名称	电池盖模仁和遥控器模仁的数控加工边界设置
任务要求	完成电池盖模仁和遥控器模仁的数控加工边界创建
任务设定	1. 毛坯图：根据创建边界范围大小要求 2. 零件图：电池盖模仁、遥控器模仁 3. 毛坯材料和技术要求：模具钢、铝件
预期成果	阶段完成任务：创建电池盖模仁和遥控器模仁边界并生成刀具路径（创建过程软件界面，部分截图）

二、单元知识

在 PowerMill 软件中，边界是一条或多条封闭的、二维或三维的曲线。边界的作用如下：

1）限制刀具径向加工范围，实现局部加工。限制加工范围可以用限制毛坯大小以及使用边界两种方法实现，而后一种方法的应用更广泛些。

2）可以用于裁剪刀具路径。通过调出"刀具路径"工具栏，单击"裁剪"按钮，在弹出的对话框中选择"裁剪到"→"边界"选项，最后单击"应用"按钮，即可通过选取预先创建的边界进行刀具路径裁剪。

3）可以转换为参考线。

1. "边界"工具栏与操作

调取"边界"工具栏：在工具栏空白处右击，选择快捷菜单中的"边界"选项，如图 1-49 所示。"边界"工具栏如图 1-50 所示。

产生边界：鼠标右击资源管理器中的"边界"选项，然后选择"定义边界"选项，如图 1-51 所示。

2. 边界定义

（1）毛坯边界 计算毛坯在 XOY 平面上的轮廓线产生边界，边界的形状大小和尺寸取决于毛坯的形状和尺寸。

（2）残留边界 刀具加工后残留量超过某余量值时所产

图 1-49 调取"边界"工具栏

图1-50 "边界"工具栏

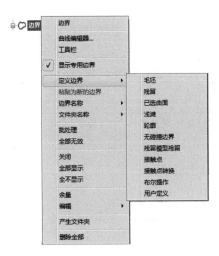

图1-51 产生边界

生的边界。残留边界就是上一条刀具路径中大刀具无法加工的那些区域的轮廓线。由此可知，要计算好残留边界需要预先设定好上一条刀具路径用的刀具和本次加工刀具路径用的刀具、公差和余量等参数（图1-52）。

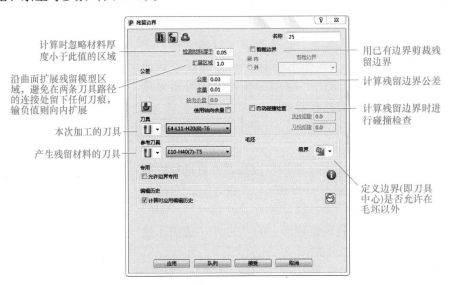

图1-52 "残留边界"对话框

（3）已选曲面边界 激活刀具在选取待加工的曲面上产生刀具轨迹边缘的边界。此边界在编程中应用比较广泛，计算已选曲面边界需要预先设置好毛坯和所用的刀具，如图 1-53 所示。

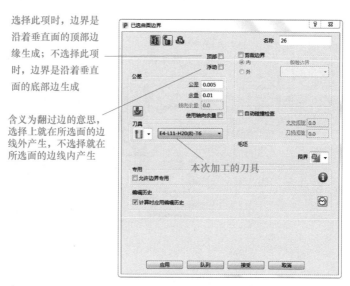

选择此项时，边界是沿着垂直面的顶部边缘生成；不选择此项时，边界是沿着垂直面的底部边生成

含义为翻过边的意思，选择上就在所选面的边线外产生，不选择就在所选面的边线内产生

本次加工的刀具

图 1-53 "已选曲面边界" 对话框

（4）浅滩边界 通过所加工的面与刀轴垂直面的平面所成的角度小于限定角度的范围生成的边界（图 1-54）。

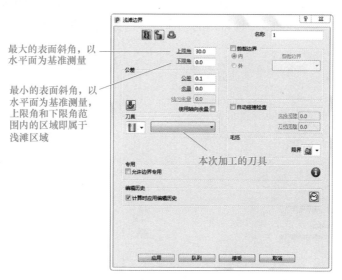

最大的表面斜角，以水平面为基准测量

最小的表面斜角，以水平面为基准测量，上限角和下限角范围内的区域即属于浅滩区域

本次加工的刀具

图 1-54 "浅滩边界" 对话框

（5）轮廓边界 通过 Z 轴向下投影模型轮廓的同时考虑刀具半径补偿而产生的边界。

（6）无碰撞边界 通过设置刀具、夹持的长度和直径参数来计算加工时不会与模型发生碰撞的极限区域而产生的边界。

（7）残留模型残留边界 先计算残留模型，然后围绕残留模型指定的刀具参数计算出的边界。

（8）接触点边界　以控制刀具接触点在给定边界上计算出的边界。接触点边界用得比较多，这种创建方法是以刀具接触点而不是刀尖来计算的，所以可以用于不同刀具的刀具路径（图1-55）。

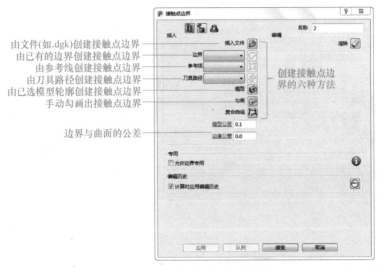

图1-55　"接触点边界"对话框

（9）接触点转换边界　将接触点边界转换为用于指定刀具加工的边界。

（10）布尔操作边界　通过一条边界与另一条边界的布尔运算产生的新的边界。

（11）用户定义边界　它是一种常用的创建边界的方法（图1-56）。

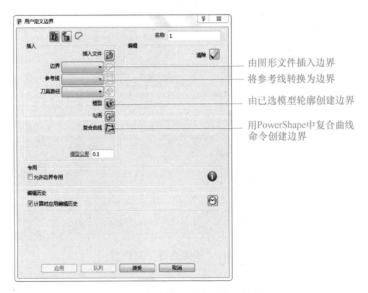

图1-56　"用户定义边界"对话框

3. 曲线编辑器

在资源管理器"边界"下拉菜单中已经创建好的边界上右击，选择"曲线编辑器"选项，弹出的工具栏如图1-57所示。

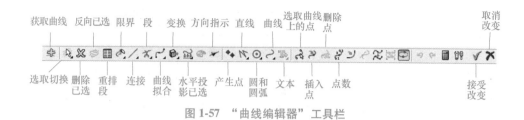

图 1-57　"曲线编辑器"工具栏

在"曲线编辑器"工具栏上有些按钮是功能组，单击下拉有其他同类的编辑功能，这里就不一一阐述，操作者可在使用过程中慢慢熟悉。

三、动模镶件与电池盖模仁边界案例演示

案例 1：以动模镶件为例看边界的作用和使用技巧。

提示：如图 1-58 所示，讲解动模镶件的边界使用案例（边界和刀具路径已经做好），讲述如何在刀具路径中使用边界以及边界的作用（通过某模具的动模镶件模型实际编程使用的边界进行讲解，讲解边界的重要性和边界的使用技巧，其中半精及精光边界使用率达到80%，极大提高编程效率及加工效率）。

案例 2：电池盖模仁胶位面的边界创建，并生成刀具路径。

提示：通过电池盖模仁，使用已选曲面边界创建胶位面的边界。

1. 创建毛坯

1）激活创建的坐标系 1，在右边的"查看"工具栏上选择"多色阴影"选项。

2）然后选取模型的黄色胶位面（如图 1-59 所示，在刀具路径加工方式阴影中选择就变为白色）。

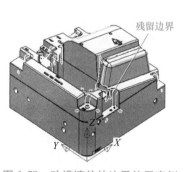

图 1-58　动模镶件的边界使用案例

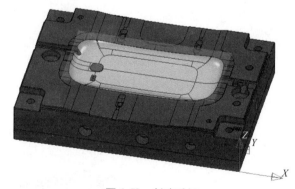

图 1-59　创建毛坯

3）单击主工具栏上的"毛坯"按钮，在"扩展"文本框中输入"2.0"，依次单击"计算"→"接受"按钮，得到如图 1-59 所示的毛坯。

2. 创建边界

1）选取黄色的胶位面（如果已经选中，则不用再重新选取）。

2）如图 1-60a 所示，右击资源管理器上的"边界"选项，选择"定义边界"→"已选曲面"选项。

3）在弹出的"已选曲面边界"对话框中，按如图 1-60b 所示设置参数。

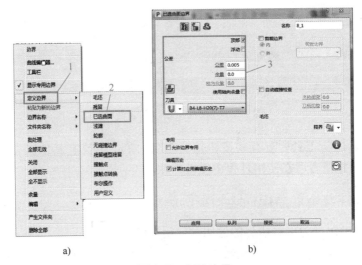

图 1-60 创建边界

4）单击"应用"→"接受"按钮。

5）对生成的边界进行修剪，把多余的边界进行删除。

6）右击资源管理器上对应刚生成的边界，选择"曲线编辑器"选项。

7）如图 1-61 所示，先单击"偏置几何元素"按钮，在弹出的对话框中左端单击"3D 圆形"按钮，在右端"距离"文本框中输入"0.2"，单击曲线管理器工具栏右端"接受改变"按钮。

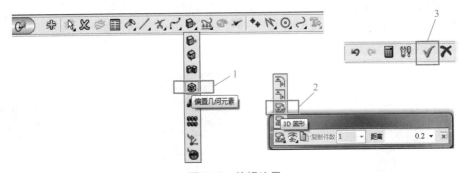

图 1-61 编辑边界

8）生成如图 1-62 所示的边界。

图 1-62 生成的边界

3. 计算刀具路径

调取平行精加工策略：如图 1-63 所示，单击"刀具路径策略"按钮，弹出"策略选取器"对话框，选择左侧的"精加工"选项，然后选择右侧的"平行精加工"选项。

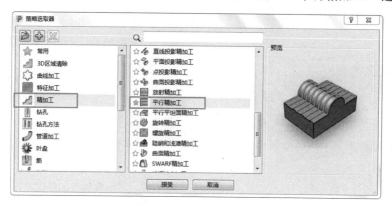

图 1-63 调取平行精加工策略

"平行精加工"对话框及参数设置如图 1-64 所示。

1）用户坐标系：选择坐标"1"；毛坯：前面已经创建，注意检查；刀具：选择"B4-L8-H20（7）-T7"。

2）固定方向：角度"0.0"。

3）加工顺序：样式"双向"。

4）公差："0.01"。

5）余量："0.05"；行距："0.25"。

6）限界：选择刚刚创建的边界（图 1-65）。

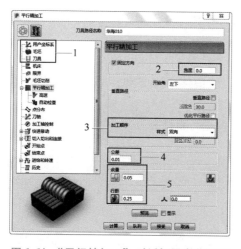

图 1-64 "平行精加工"对话框及参数设置

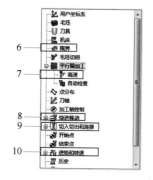

图 1-65 平行精加工参数设置

7）高速：修圆拐角，半径"0.06"。

8）快进间隙："10.0"；下切间隙："5.0"，单击"计算"按钮。

9）切入：第一选择垂直圆弧（角度"30.0"，半径"0.5"）；切出：第一选择水平圆弧（角度"30.0"，半径"0.5"）；连接：第一选择圆形圆弧（应用约束，距离"10.0"）。

10）主轴转速："17000.0"；切削进给率："4250.0"；下切进给率："2125.0"。

单击计算按钮，生成如图1-66所示的刀具路径，打开"刀具路径"工具栏，单击右端的"显示接触点路径"按钮，得到如图1-67所示刀具路径。

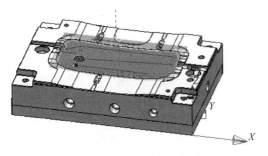

图1-66 胶位平行半精刀具路径

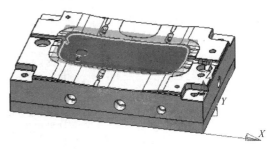

图1-67 显示接触点的胶位平行半精刀具路径

四、实战训练

训练1：跟随课程进程完成电池盖模仁胶位面的边界创建及刀具路径生成。

训练2：通过如图1-68所示的遥控器模仁模型，根据不同的边界创建方法，完成两种以上的边界创建并生成刀具路径。

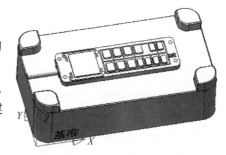

图1-68 边界操练图档

五、思考题

1）边界有哪些类型？如何编辑边界？

2）边界由一个或多个闭合（线框）段组合，其主要作用是什么？

六、分组讨论和评价

（1）分组讨论 5~6人一组，探讨训练2的最佳解决方案，并进行成果讲解；班级评出最佳解决方案和讲解（考核参考）。

（2）评价（自评和互评） 请根据任务概要进行自评和互评。

单元3 参考线设置与实战训练

一、任务概要

任务目标：认识参考线定义，了解参考线的使用范围，掌握参考线的设置方法和技巧。

掌握程度：熟练掌握参考线的设置方法和技巧。

主要教学任务：讲解用工具栏和鼠标进行参考线操作与编辑；参考线定义与编辑技巧。

条件配置：PowerMill 2017软件，Windows 7系统计算机。

训练任务：遥控器模仁字码和滑块油槽的参考线设置。

任务书：

任务名称	遥控器模仁字码和滑块油槽的数控加工参考线设置
任务要求	完成遥控器模仁字码和滑块油槽数控加工参考线创建
任务设定	1. 毛坯图：根据加工零件大小创建 2. 零件图：遥控器模仁、滑块油槽 3. 毛坯材料和技术要求：模具钢、加工后满足使用要求
预期成果	阶段完成任务：完成遥控器模仁字码和滑块油槽的参考线创建并生成参考线精加工刀路（创建过程软件界面，部分截图）

二、单元知识

1. 参考线的定义

参考线是一种 2D 或 3D 线框元素，主要用来帮助规范刀具路径。可以将参考线投影到模型上，也可以保持不变地应用在参考线精加工中。参考线也叫作引导线，可以用来引导系统做出参考线样式的刀具路径。与边界不同的是，参考线可包含开放段。

2. 参考线与边界的区别

参考线与边界的区别见表 1-3。

表 1-3　参考线与边界的区别

项目	边界	参考线
线框	必须封闭	可封闭、可开放
作用	用于限制刀具路径范围	用于引导计算刀具路径
方向	边界没有方向	参考线具有方向，该方向就是刀具路径的切削方向
颜色	创建后以白色显示	创建后以褐色显示

3. 参考线的创建方法

在 PowerMill 资源管理器中，右击“参考线”选项，弹出子菜单，如图 1-69 所示。选择子菜单中的“工具栏”选项，系统会弹出“参考线”工具栏，如图 1-70 所示。

在子菜单中选择“产生参考线”选项，系统会在 PowerMill 资源管理器的“参考线”选项下产生一条新的参考线 1。该参考线内容为空。

在参考线 1 子菜单中，单击“插入”选项，系统弹出参考线创建方法，如图 1-71 所示。参考线的各种创建方法介绍如下：

（1）边界　将已经创建出来的、激活的边界线插入进来，生成参考线。该功能实际上是将边界线直接转换为参考线。

（2）文件　与边界创建方法中“文件”命令相同，是将线框图形文件插入到系统，生成参考线。

（3）模型　与边界创建方法中“用户定义”的“模型”命令基本相同，是将选定曲面模型边缘直接转换为参考线。

（4）曲线造型　与边界创建方法中“用户定义”的“曲线造型”命令完全相同，是使用 PowerShape 软件中创建线条的功能来设计参考线。

（5）线框造型　与边界创建方法中“用户定义”的“线框造型”命令完全相同，是使用 PowerShape 软件中创建线条的功能来设计参考线。

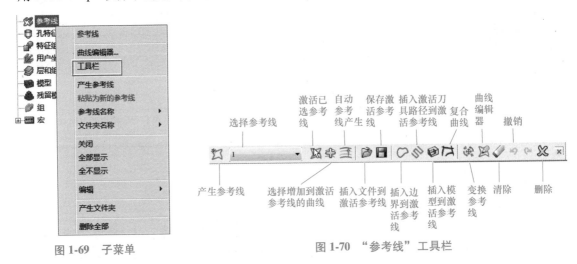

图 1-69　子菜单　　　　　　　　　　　　图 1-70　"参考线"工具栏

（6）参考线产生器　通过设置已有线条自动产生参考线的工具。

（7）激活刀具路径　是将当前激活的刀具路径直接转换为参考线。

（8）激活参考线　是将当前激活的参考线转换为新参考线，相当于复制一条参考线。

4. 参考线的编辑

在 PowerMill 资源管理器中，双击"参考线"选项，展开参考线列表，右击已经创建的参考线，在弹出的子菜单中选择"编辑"选项，即弹出编辑参考线方法，如图 1-72 所示。

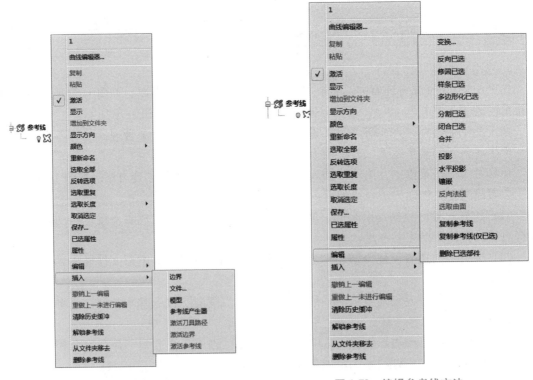

图 1-71　参考线创建方法　　　　　　　　图 1-72　编辑参考线方法

由图 1-72 可知，编辑参考线的很多命令是与编辑边界的命令相同的，下面介绍不一样的命令：

（1）反向已选　参考线是有方向的，这个命令是将参考线反向。

（2）分割已选　该命令是将参考线分割为若干段直线。

（3）合并　该命令是"分割已选"操作的逆向操作。

（4）闭合已选　将开放的参考线闭合起来。

（5）投影　将参考线沿着刀轴方向投影到模型曲面上。投影时必须先激活刀具。

（6）镶嵌　镶嵌参考线是将参考线沿刀轴方向投影到模型曲面上，并保证镶嵌的参考线上各点均在模型曲面上。

在编辑参考线时，需要选取参考线，此时可以先将毛坯、零件等隐藏，然后再进行选取。

三、遥控器模仁字码案例演示

案例 1：通过遥控器模仁字码的刀具路径生成，讲解参考线的生成与编辑操作。

提示：使用字码轮廓产生参考线，编辑参考线成单笔的字样，用参考线精加工策略编程，创建字码刀具路径。

1. 产生参考线

如图 1-73 所示，选取白色指示面（指示线 1），打开"参考线"工具栏，右击资源管理器的"参考线"选项，选择"产生参考线"选项（指示线 2），单击"参考线"工具栏中的"插入模型到激活的参考线"按钮（指示线 3），生成参考线（指示线 4）。

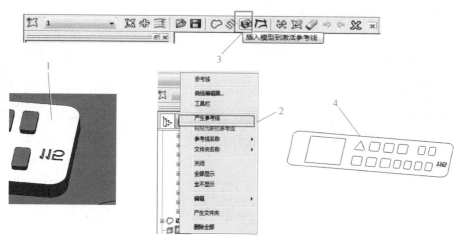

图 1-73　产生参考线

2. 编辑参考线（图 1-74）

编辑参考线的步骤如图 1-74 所示。

1）手动删除多余的参考线（指示线 1），得出"115"数字。

2）在参考线的线上双击（指示线 2），弹出"曲线编辑器"。

3）全选参考线（指示线 3），单击"分割已选"按钮（指示线 4），删除多余线条（指示线 5）（注意字体的每一笔只保留一条），通过指示线 6 中"裁剪到点"的功能，然后全选参考线（指示线7），单击"合并"按钮（指示线8）。

4）通过单击指示线9处按钮，往下选择"偏置几何参数"。

5）单击"2D 尖锐"（指示线10），在"距离"文本框中输入"0.3"（0.3 是刀具直径的 0.05 倍，指示线11）。

6）然后单击"接受改变"按钮（指示线12），生成如图 1-75 所示的参考线。

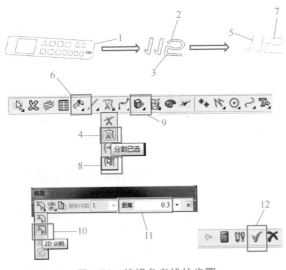

图 1-74　编辑参考线的步骤

图 1-75　生成的参考线

3. 创建毛坯

1）激活坐标"1"；在主工具栏上单击"毛坯"按钮。

2）按图 1-76 所示选面，在"毛坯"对话框中修改扩展为"0.5"，设置计算毛坯（就是毛坯把字体深度都包括）；单击"接受"按钮。

4. 调取策略

单击"刀具路径策略"按钮，弹出"策略选取器"对话框，选择左侧的"精加工"选项，然后选择右侧的"参考线精加工"选项（图 1-77）。

图 1-76　创建毛坯

图 1-77　调取策略

5. 参数设置

在"参考线精加工"对话框中对参数进行设置（图1-78）。

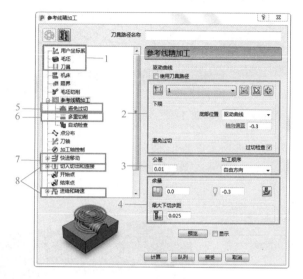

图1-78　参数设置

1）用户坐标系：选择坐标"1"；毛坯：前面已经创建，注意检查；刀具："B0.6-L1-SD4-H12（4）-T12"。

2）选取上面做的参考线"1"；在"下限"选项组中"底部位置"下拉列表框中选择"驱动曲线"选项，勾选"过切检查"复选框。

3）公差："0.01"；加工顺序："自由方向"。

4）径向余量："0.0"；轴向余量："-0.3"；最大下切步距："0.025"。

5）避免过切：上限"0.05"。

6）方式："向下偏置"；排序方式："层"；上限："0.05"；最大下切步距："0.025"。

7）快进间隙："10"；下切高度："5"；单击"计算"按钮。

8）切入：第一选择无；切出：第一选择无；连接：第一选择掠过；主轴转速："18000"；切削进给率："1500"；下切进给率："750"。

6. 生成刀具路径

单击"计算"按钮，生成如图1-79所示的刀具路径。

案例2：通过滑块油槽的刀具路径生成，讲解参考线的生成与编辑操作（图1-80）。

提示：使用油槽轮廓产生单条参考线，用参考线精加工策略向下偏置生成油槽刀具路径。

1. 产生参考线

如图1-81所示，右击资源管理器的"参考线"选项，选择"产生参考线"选项（指示线1），选取白色指示面（指示线2），

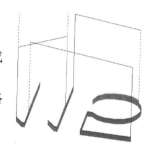

图1-79　字码刀具路径

打开"参考线"工具栏，单击"参考线"工具栏中的"插入模型到激活的参考线"按钮（指示线3），隐藏模型，生成参考线（指示线4）。

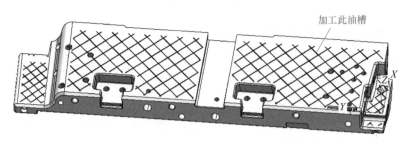

图 1-80　滑块油槽

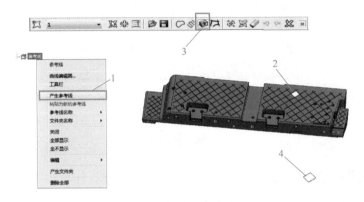

图 1-81　产生参考线

2. 编辑参考线

参考线的编辑步骤如图 1-82 所示。

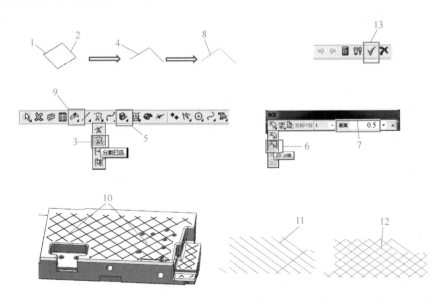

图 1-82　参考线的编辑步骤

1）在参考线的线上双击（指示线 1），弹出"曲线编辑器"。

2）全选参考线（指示线 2），单击"分割已选"按钮（指示线 3），删除多余线条（指示线 4），用主工具栏上的测量，得出油槽宽度为 1mm。

3）通过单击指示线 5 处按钮，往下选择"偏置几何参数"；单击"2D 尖锐"按钮（指示线 6），"距离"文本框（指示线 7）中输入"0.5"；得出参考线（指示线 8）。

4）通过指示线 9 处的功能，手动延伸参考线到槽的两端，得出参考线（指示线 10）。

5）取消激活所有坐标系，通过测量得出两平行油槽间距约为 30mm，双击参考线，再次通过单击指示线 5 处的按钮，弹出"多重变换"对话框（图 1-83），选取其中一条参考线，输入阵列 X 方向行距 30（反方向-30）把参考线阵列到平行的油槽中。偏置到每条油槽都有参考线后单击指示线 9 处的"裁剪到点"按钮，把过长的参考线裁剪，得出参考线（指示线 11）。

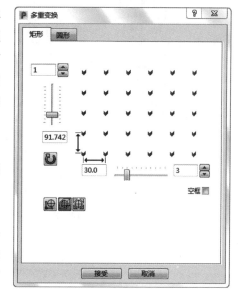

图 1-83 "多重变换"对话框

6）另一条参考线也同样操作，得出参考线（指示线 12）。

7）单击"接受改变"按钮（指示线 13）。

8）检查所有参考线是否在图 1-84 中指示线 14 所示的平面上。若否，则通过产生指示线 14 所示高度的大平面将油槽封起来（先创建毛坯把该面包起来，然后右击资源管理器上的"模型"选项，选择"产生平面"→"自毛坯"选项，最后输入 Z 高度值，就生成该水平面），然后右击资源管理器上的参考线，选择"编辑"→"水平投影"选项，将参考线投影到指示线 14 所示的平面上。

3. 创建毛坯

1）激活坐标"1"；在主工具栏上单击"毛坯"按钮。

2）按图 1-85 所示选面，在"毛坯"对话框中修改扩展为"0.5"，单击"计算"按钮，再单击"接受"按钮。

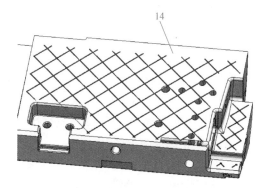

图 1-84 生成的参考线

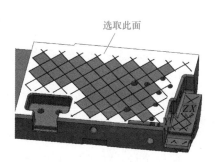

图 1-85 选择油槽顶面

4. 调取策略

单击"刀具路径策略"按钮，弹出"策略选取器"对话框，选择左侧的"精加工"选项，然后选择右侧的"参考线精加工"选项（图1-86）。

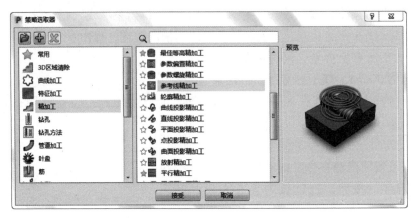

图 1-86　调取策略

5. 参数设置

在"参考线精加工"对话框中对参数进行设置（图1-87）。

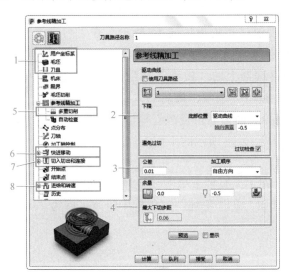

图 1-87　参数设置

1）用户坐标系：选择坐标"1"；毛坯：前面已经创建，注意检查；刀具："RB2-L8-SD6-H20-短短 *"。

2）选取上面做的参考线"1"；在"下限"选项组中"底部位置"下拉列表框中选择"驱动曲线"选项；勾选"过切检查"复选框。

3）公差："0.01"；加工顺序："自由方向"。

4）径向余量："0.0"；轴向余量："-0.5"；最大下切步距："0.06"。

5）方式："向下偏置"；排序方式："层"；上限："0.05"；最大下切步距："0.05"。

6）快进间隙："10"；下切高度："5"；单击"计算"按钮。

7）切入：第一选择斜向（最大左倾角"2"，高度"0.2"）；切出：第一选择无；连接：第1选择掠过。

8）主轴转速："9500"；切削进给率："1100"；下切进给率："550"。

6. 生成刀具路径

单击"计算"按钮，生成刀具路径，隐藏模型后如图1-88所示。

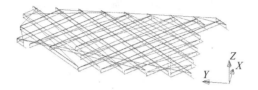

图 1-88　油槽刀具路径

四、实战训练

训练1：通过参考线精加工策略完成遥控器模仁（图1-89）字码刀具路径的生成，并碰撞检查、仿真分析。

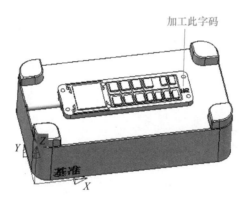

图 1-89　遥控器模仁

训练2：通过参考线精加工策略完成滑块油槽刀具路径的生成，如图1-90所示，并碰撞检查、仿真分析。

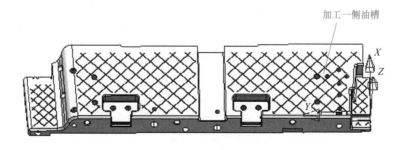

图 1-90　滑块油槽

五、思考题

1）参考线有哪些作用？如何编辑参考线？

2）参考线和边界有哪些相同点和不同点？

六、分组讨论和评价

（1）分组讨论　5~6 人一组，探讨训练 1 和训练 2 的最佳解决方案，并进行成果讲解；班级评出最佳解决方案和讲解（考核参考）。

（2）评价（自评和互评）　请根据任务概要进行自评和互评。

02

项目二
>>>>> PowerMill高速加工策略与实战训练

任务概要

任务目标：深入了解数控加工技术，掌握三轴编程加工工艺，熟悉各种策略及其参数定义。总体了解 PowerMill 各策略的使用，掌握各种特征刀具路径的生成及编辑，能独立对电池盖模仁零件等进行编程。

掌握程度：熟练掌握 PowerMill 各策略的运用，掌握整个零件毛坯加工的编程，初步掌握编程刀具路径的最优化技巧。

主要教学任务：对模型区域清除策略、等高切面区域清除策略、等高精加工策略、笔式清角精加工策略、平行精加工策略、最佳等高精加工策略、清角精加工策略以及参考线精加工策略等的指导和应用实战训练。

条件配置：PowerMill 2017 软件，Windows 7 系统计算机。

训练任务：完成电池盖模仁、遥控器模仁、定模镶件、镶件槽零件、曲面零件、小镶件、模具排气槽练习模型的高速加工策略刀具路径的创建。

项目任务书：

任务名称	电池盖模仁、遥控器模仁、定模镶件、镶件槽零件、曲面零件、小镶件、模具排气槽练习模型的高速加工策略刀具路径的创建
任务要求	完成电池盖模仁、遥控器模仁、定模镶件、镶件槽零件、曲面零件、小镶件、模具排气槽练习模型的高速加工策略刀具路径的创建
任务设定	1. 毛坯图：根据模型的最大外形尺寸创建 2. 零件图：电池盖模仁、遥控器模仁、定模镶件、镶件槽零件、曲面零件、小镶件、模具排气槽练习模型 3. 毛坯材料和技术要求：模具钢（电池盖模仁等）、铝件（其他零件）
预期成果	阶段完成任务：完成电池盖模仁、遥控器模仁、定模镶件、镶件槽零件、曲面零件、小镶件、模具排气槽练习模型的指定训练任务的刀具路径创建（创建过程的编程图档，部分截图）

单元1　模型区域清除与实战训练

一、单元知识

1. 模型区域清除及模型残留区域清除
模型区域清除策略是三维零件粗加工时最常用的一种刀具路径计算方法。通过对本项目零件策略的学习，掌握 PowerMill 常用粗加工策略的参数设置方法。

在最初的模型区域清除加工过程中，为了快速去除多余的毛坯，应尽可能使用大直径的刀具。但直径较大的刀具又存在一个弊端，即不能切入零件上的一些角落及狭长槽部位，因此，这些区域需要在精加工前使用较小的刀具再次进行粗加工，以便在精加工前切除尽可能多的材料。模型残留区域清除策略就是使用比前一粗加工策略刀具小的新刀具产生一粗加工策略，对前一刀具未加工的区域再次进行加工。图 2-1 所示为残留模型。

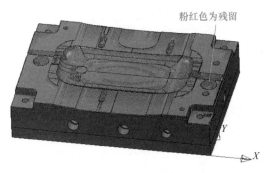

图 2-1　残留模型

2. 模型区域清除的参数定义

1）样式：平行、偏置模型、偏置全部。

2）切削方向：顺铣、逆铣、任意（自动选择进行顺铣或者逆铣）。不同定义下的刀具路径如图 2-2、图 2-3 所示。

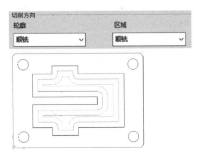

图 2-2　轮廓定义的刀具路径

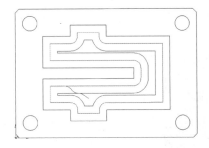

图 2-3　区域定义的刀具路径

3）公差：决定加工精度，但也决定刀具路径计算时间，开粗公差一般都是"0.03"。

4）余量：径向和轴向余量。

5）部件余量：用户指定某一个或几个表面与整个零件的余量设置不同。

6）保持切削方向：当需要保持切削方向时进行提刀，提刀次数增加，但能保护刀具过载，如图 2-4 所示。

7）螺旋：一次性螺旋切入，没有提刀。

8）移去残留高度：限制行距以清除残留余量。

9）先加工最小的：先加工最小材料的岛屿，以免损坏刀具。

10）不安全段移去：通过设置分离某些区域从而不对这些区域进行粗加工，区域的大

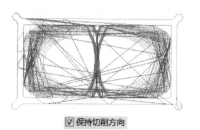 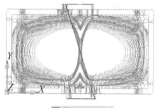

☑ 保持切削方向　　　　　　　　□ 保持切削方向

图 2-4　保持切削方向

小与分界值有关（图 2-5）。分界区域大小 = 刀具直径 × 分界值 + 刀具直径。

11）仅闭合区域：不过滤开放的区域（图 2-6）。

图 2-5　不安全段移去

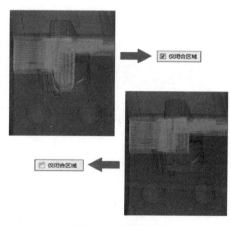

图 2-6　仅闭合区域

12）恒定下切步距：后面残留区域清除会在弧面上生成多几条刀具路径的原因，顶部余量大。

13）刀具路径工具栏：由开粗用到的"统计""按 Z 高度查看刀具路径""显示刀具路径连接"等组成。

14）高速：轮廓光顺（控制靠近模型轮廓的刀具路径在零件尖角部位倒圆，如图 2-7 所示）；赛车线光顺（控制远离模型轮廓的刀具路径进行倒圆，犹如赛车道，如图 2-8 所示）；摆

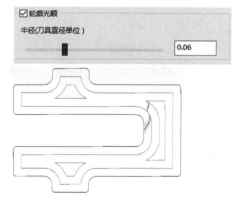

图 2-7　轮廓光顺（外围刀具路径）

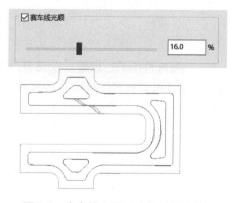

图 2-8　赛车线光顺（内部刀具路径）

线移动（用于减少刀具切削量的增大而出现的刀具过载）；连接（刀具路径的连接方式，有直、光顺和无）。

15）进刀：刀具路径开始切入的位置选择（图2-9）。

图 2-9　进刀设置

16）平坦面加工（图2-10）。

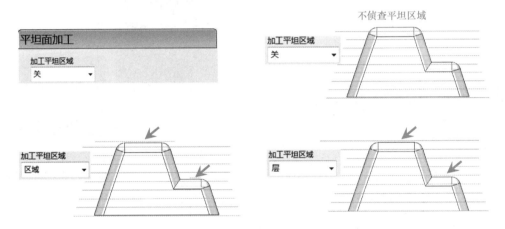

图 2-10　平坦面加工设置

17）队列：后台计算。

3. 模型残留区域清除的参数定义

在"模型区域清除"对话框（图2-11）中，勾选"残留加工"复选框后，弹出"模型残留区域清除"对话框，单击左边的"残留"按钮，右边就出现"残留"的参数设计界面（图2-12），其参数定义如下：

1）刀具路径：对该刀具路径开粗后留下的超过余量厚度值的材料进行残留加工。

2）残留模型：使用预先创建出来的残留模型作为加工对象计算残留加工刀具路径。

3）检测材料厚于：设置一个材料厚度值，系统计算零件加工区域生成残留加工刀具路径时，忽略比设置材料厚度值小的区域。

4）扩展区域：残留区域沿零件轮廓表面按该系数值进行扩展。

5）考虑前一 Z 高度：用于设置残留加工 Z 高度与参考刀具路径 Z 高度的关系。

6）加工中间 Z 高度：当用下切步距值计算新的 Z 高度时，忽略参考刀具路径 Z 高度。

7）加工和重新加工：在前一刀具路径 Z 高度重新计算加工，并在前一刀具路径 Z 高度层之间产生一层刀具路径。

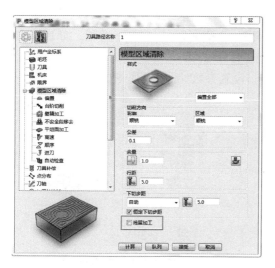

图 2-11　"模型区域清除"对话框

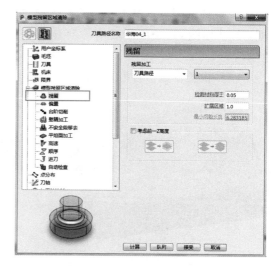

图 2-12　模型残留区域清除设置

二、电池盖模仁开粗案例演示

通过电池盖模仁的开粗及二次开粗掌握模型区域清除策略的使用及其参数设置。本案例由电池盖模仁开粗、残留开粗、二次残留开粗和局部半精开粗四部分组成。

1. 电池盖模仁开粗

（1）毛坯创建

1）用毛坯创建坐标系，建在基准角位置（模型中的"基"所示位置），右击新建的坐标系，选择"重新命名"选项，命名为"1"。

2）双击激活创建的坐标系"1"，如图 2-13 所示框选白色面，按如图 2-14 所示参数修改后单击"计算"按钮，得到如图 2-15 所示的毛坯。

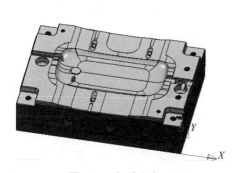

图 2-13　框选白色面

图 2-14　毛坯设置

（2）选取策略　在主工具栏上单击"刀具路径策略"按钮，弹出"策略选取器"对话框，选择左侧的"3D 区域清除"选项，选择右侧的"模型区域清除"选项，如图 2-16 所示。

（3）设置参数　右击刀具路径，选择"设置"，设置参数如图 2-17、图 2-18 所示。

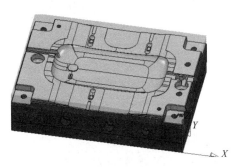

图 2-15　生成的毛坯

图 2-16　"策略选取器"对话框

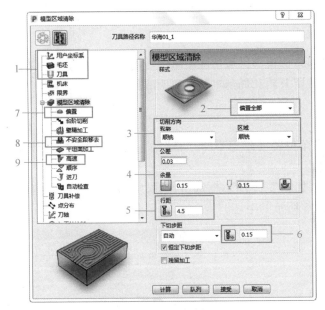

图 2-17　设置参数 1

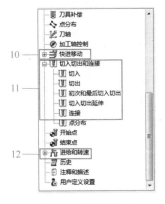

图 2-18　设置参数 2

1）用户坐标系：选择坐标系"1"；毛坯：前面已经创建，注意检查；刀具：选择"E10-H40-T5"。

2）样式：选择"偏置全部"选项。

3）轮廓："顺铣"；区域："顺铣"。

4）公差："0.03"；径向余量："0.15"；轴向余量："0.15"。

5）行距："4.5"。

6）下切步距："0.15"。

7）偏置：勾选"移去残留高度"复选框，再勾选"先加工最小的"复选框。

8）不安全段移去：勾选"移去小于分界值的段"复选框，分界值为"0.8"，再勾选

"仅移去闭合区域段"复选框。

9）轮廓光顺：半径"0.06"；赛车线光顺："16"。

10）快进间隙："10"；下切间隙："5"，单击"计算"按钮。

11）切入：第一选择"斜向"，沿着"圆"，最大左倾角"2"，斜向高度"0.2"；切出：第一选择"水平圆弧"，线性移动"0"，角度"45"，半径"0.5"；连接：掠过。

12）主轴转速："3600"；切削进给率："2900"；下切进给率："1450"。

（4）生成刀具路径　单击策略下方"计算"按钮，生成第一条开粗刀具路径，如图 2-19 所示。

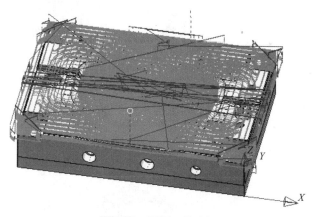

图 2-19　开粗刀具路径

2. 残留开粗

（1）毛坯创建

1）方案一：重新创建毛坯，此方案容易导致前后开粗毛坯不一致，易造成异常。

2）方案二：激活一下上一条开粗刀具路径，这样下一条刀具路径就会自动使用上一条刀具路径的毛坯。

选择方案二，要与上一条刀具路径的毛坯一致，就是开粗毛坯都要一样，避免前一条刀具路径和当前的刀具路径的毛坯不一样而导致的加工异常。前面开粗刀具路径激活过，则后续不需要重新设置。

（2）选取策略　单击"刀具路径策略"按钮，弹出"策略选取器"对话框（图 2-20），依次选择"3D 区域清除""模型残留区域清除"选项。

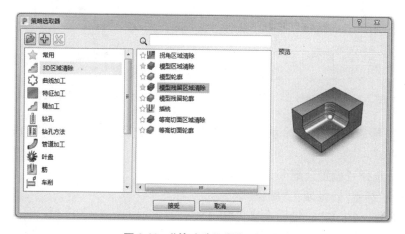

图 2-20　"策略选取器"对话框

（3）设置参数　右击刀具路径，选择"设置"。

设置参数如图 2-21、图 2-22 和图 2-23 所示。

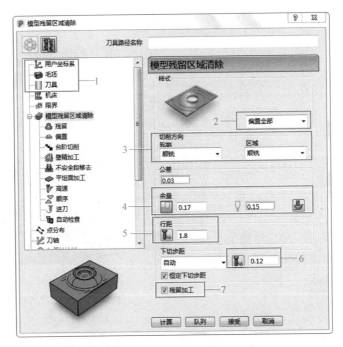

图 2-21 设置参数 1

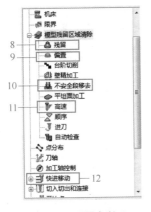

图 2-22 设置参数 2

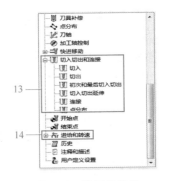

图 2-23 设置参数 3

1）用户坐标系：选择坐标系"1"；毛坯：前面已经创建，注意检查；刀具：选择"E4-L11-H20-T6"。

2）样式：选择"偏置全部"选项。

3）轮廓："顺铣"；区域："顺铣"。

4）径向余量："0.17"；轴向余量："0.15"。

5）行距："1.8"。

6）下切步距："0.12"。

7）勾选"残留加工"复选框。

8）残留加工刀具路径：选择残留的刀具路径；检测材料厚于："0.05"；扩展区域："1"。

9）偏置：勾选"移去残留高度"→"先加工最小的"复选框。

10）不安全段移去：勾选"移去小于分界值的段"复选框，分界值"0.8"；勾选"仅移去闭合区域段"复选框。

11）轮廓光顺：半径"0.06"；赛车线光顺："16"。

12）快进间隙："10"；下切间隙："5"；单击"计算"按钮。

13）切入：第一选择"斜向"，沿着"圆"，最大左倾角"2"，斜向高度"0.3"；切出：第一选择"水平圆弧"，线性移动"0.0"，角度"45"，半径"0.5"；连接：第一选择"圆形圆弧"，应用约束距离"6.0"。

14）主轴转速："5000"，切削进给率："4400"，下切进给率"2200"。

（4）生成刀具路径　单击"计算"按钮得出残留开粗刀具路径（图 2-24）。

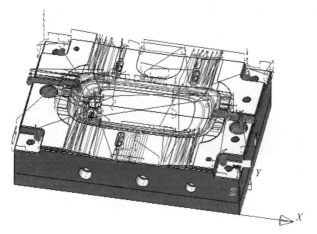

图 2-24　残留开粗刀具路径

3. 二次残留开粗

按模型残留区域清除步骤再生成一条刀具路径，但部分设置更改如下：

1）刀具：选择"E2-L6-SD4-H22-T8"。

2）径向余量："0.2"；轴向余量："0.15"。

3）行距："0.9"；下切步距："0.06"。

4）残留加工刀具路径：参考上一条 E4 刀具的刀具路径。

5）连接：第一选择"圆形圆弧"，应用约束距离"4.0"。

6）主轴转速："12000"；切削进给率："1500"；下切进给率："750"。

单击"计算"按钮，得出如图 2-25 所示的刀具路径。

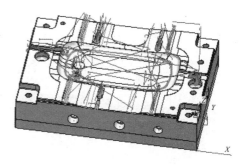

图 2-25　二次残留开粗刀具路径

4. 局部半精开粗

如图 2-26 所示，通过"用户定义"产生三个边界。右击上一条刀具路径选择"设置"选项，单击界面左上方的"基于此刀具路径产生一新的刀具路径"按钮，毛坯使用边界毛坯，但部分设置更改如下：

1）刀具选择："B1-L1.8-SD4-H16-T11"。

2）径向余量："0.05"；轴向余量："0.05"。

3）行距："0.3"，下切步距："0.034"。

4）残留加工刀具路径：参考上一条 E2 刀具的刀具路径；检测材料厚于："0.05"；扩展："0.2"。

5）连接：第一选择"圆形圆弧"，应用约束距离"2.0"。

6）主轴转速："12000"；切削进给率："1500"；下切进给率："750"。

产生的刀具路径如图 2-27 所示。

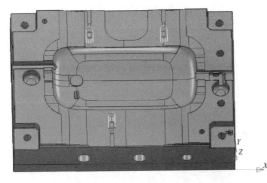 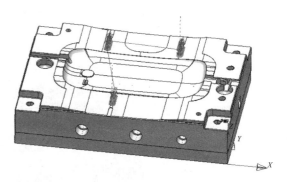

图 2-26　创建边界　　　　　　　　　　图 2-27　刀具路径

三、实战训练

训练 1：跟随课程进程对塑胶电池盖模仁进行开粗练习，按案例演示进行操作。

训练 2：对如图 2-28 所示模型进行开粗（包括模型残留区域清除），开粗到 D3R0.5 的刀具，选择适当刀具进行二次开粗，使用教学刀库，最后要进行碰撞检查。

训练 3：对如图 2-29 所示遥控器模仁进行开粗练习，包括二次开粗，开粗到直径 2mm 的刀具，使用教学刀库，最后要进行碰撞检查。

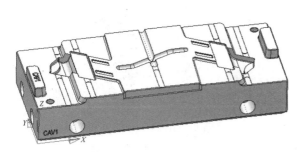 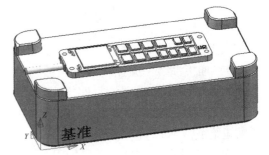

图 2-28　定模镶件　　　　　　　　　　图 2-29　遥控器模仁

四、思考题

1）使用残留模型进行残留加工有哪些优缺点？

2）粗加工最主要的目的是什么？编程开粗的第一把刀具和最后一把刀具应该怎样选择？

五、分组讨论和评价

（1）分组讨论　5~6 人一组，探讨训练 2 和训练 3 的最佳解决方案，并进行成果讲解；班级评出最佳解决方案和讲解（考核参考）。

（2）评价（自评和互评）　请根据任务概要进行自评和互评。

单元 2　等高切面区域清除与实战训练

一、单元知识

1. 等高切面区域清除及等高切面残留区域清除

等高切面区域清除策略适用于加工平面，一般情况下采用整体牛鼻刀（或者面铣刀）快速去除余量，本策略可以不依赖几个形体就能直接计算出平面铣削路径。

等高切面残留区域清除策略是按下切步距定义的高度，根据参考刀具路径进行二次平面铣削，把参考刀具路径没能够走入的拐角进一步清除，从而达到余量均匀，图 2-30 所示为其设置界面。

2. 等高切面区域清除的参数定义

1）等高切面：选择"平坦面"选项，其他选项不要选。

2）余量：径向余量大于开粗的径向余量；行距：根据刀具的直径确定。

3）偏置：去掉保持切削方向（此为优化设置，参考模型区域清除讲解）。

4）多重切削：用于轴向余量比较多、要多次切削的情况。

5）高速：开粗与半精同一直径下，开粗半径小于或等于半精半径。

6）斜向：斜向高度大于（余量现状 +0.2mm），怕刀损和踩刀。

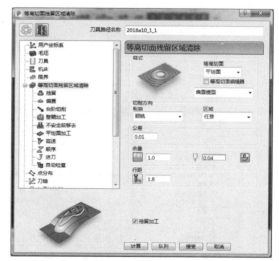

图 2-30　等高切面残留区域清除设置界面

7）优先用大直径刀具（在考虑已有刀具的同时也要考虑机床现状），再用小直径刀具清角。

8）进给和转速：类型如果是半精，则选择"粗加工"选项；如果是精光，则选择"精加工"选项；操作选择"面铣削"选项。

9）残留加工：要覆盖住前刀具路径没覆盖的地方，注意接刀情况。

二、电池盖模仁精光平面案例演示

通过电池盖模仁的半精和精光平面来掌握等高切面区域清除策略的使用及其参数设置。本案例由电池盖模仁半精平面、电池盖模仁残留半精平面、电池盖模仁精光平面三部分组成。

1. 电池盖模仁半精平面

（1）毛坯创建

1）方案一：重新创建毛坯，此方案在开粗时不适合，容易导致前后开粗毛坯不一致且浪费时间。

2）方案二：双击激活上一条开粗刀具路径，再调取新的策略，这样下一条刀具路径就会自动继承上一条刀具路径的毛坯。

选择方案二，要与上一条刀具路径的毛坯一致，就是与开粗毛坯一样。

（2）选取策略　单击"刀具路径策略"按钮，弹出"策略选取器"对话框，选择左侧的"3D区域清除"选项，选择右侧的"等高切面区域清除"选项（图2-31）。

图2-31　等高切面区域清除策略

（3）设置参数　在"等高切面区域清除"对话框中进行参数设置（图2-32以及图2-33）。

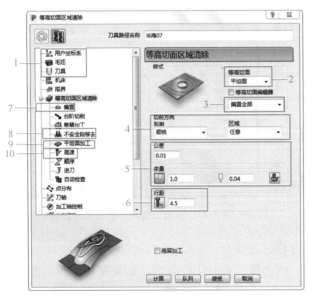

图2-32　在"等高切面区域清除"
对话框设置参数1

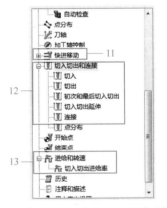

图2-33　在"等高切面区域清除"
对话框设置参数2

1）用户坐标系：选择坐标系"1"；毛坯：已继承前面刀具路径的毛坯；刀具：选择"E10-H40-T5"。

2）等高切面：选择"平坦面"选项。

3）样式：选择"偏置全部"选项。

4）轮廓："顺铣"；区域："任意"。

5）公差："0.01"；径向余量："1.0"；轴向余量："0.04"。

6）行距："4.5"。

7）偏置：勾选"移去残留高度"复选框。

8）不安全段移去：勾选"移去小于分界值的段"复选框；分界值"0.8"；勾选"仅移去闭合区域段"复选框。

9）切削次数："1"；下切步距："0.1"。

10）轮廓光顺半径："0.06"；赛车线光顺："16"。

11）快进间隙："10"；下切间隙："5"；单击"计算"按钮。

12）切入：第一选择"斜向"，沿着"圆"，最大左倾角"2"，斜向高度"0.3"；切出：第一选择"水平圆弧"，线性移动"0.0"，角度"45"，半径"0.5"；连接：第一选择"圆形圆弧"，应用约束距离"10.0"。

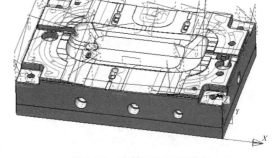

13）主轴转速："4000"；切削进给率："1000"；下切进给率："500"。

（4）生成刀具路径　单击"计算"按钮得出如图 2-34 所示刀具路径。

图 2-34　半精平面刀具路径

2. 电池盖模仁残留半精平面

按等高切面区域清除步骤复制生成一条刀具路径，但部分设置更改如下：

1）打开"等高切面区域清除"对话框，单击左上方的"基于此刀具路径产生一新的刀具路径"按钮（图 2-35），将刀具更改为"E4-L11-H20（8）-T6"，在"等高切面区域清除"对话框中勾选"残留加工"复选框，然后选择左边的"残留"选项，选择"刀具路径"选项，在右边选择上一条平面刀具路径（用 E10 刀具做的刀具路径），在"检测材料厚于"文本框中输入"0.05"，在"扩展区域"文本框中输入"1"。

2）选择"不安全段移去"选项，取消勾选"移去小于分界值的段"复选框。

3）主轴转速："8500"；切削进给率："600"。

4）生成的刀具路径进行修剪后如图 2-36 所示。

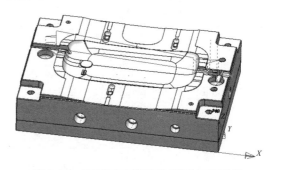

图 2-35　基于此刀具路径产生一新的刀具路径

图 2-36　等高切面残留区域清除刀具路径

3. 电池盖模仁精光平面

前面已经介绍了等高切面的半精设置，精加工可以直接复制半精刀具路径并进行部分参数更改，但前提是保证参数的正确性，避免错改或者漏改，以免在生产中出现异常。

1）如图 2-35 所示，打开上一条"等高切面区域清除"对话框，单击左上方的"基于此刀具路径产生一新的刀具路径"按钮。

2）如图 2-37 所示，单击"部件余量"按钮样式："平行"、公差："0.005"、余量："0.5""0.0"、行距："2.5"。

3）刀具选择"E4-L11-H20-T6"。

4）勾选"移去小于分界值的段"复选框，取消勾选"多重切削"复选框。

5）如图 2-37 所示，单击"部件余量"按钮，单独选取如图 2-38 所示的白色椭圆线内的特征顶面，并在如图 2-39 所示的对话框中设置参数。

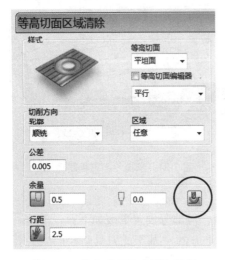

图 2-37　单击"部件余量"按钮

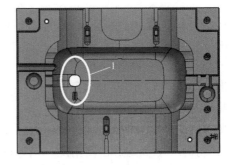

图 2-38　选取特征顶面

图 2-39　部件余量设置参数

6）选取如图 2-40 所示的平面，在"毛坯"对话框中单击"计算"按钮。

7）在"进给和转速"对话框中，类型选择"精加工"选项，操作选择"面铣削"选项。

8）单击"计算"按钮，得出如图 2-41 所示的刀具路径。

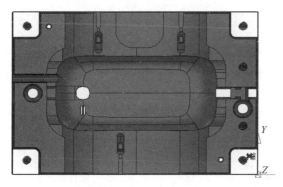
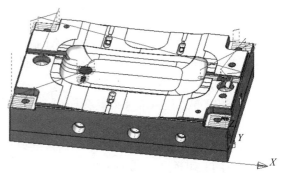

图 2-40　选取平面　　　　　　　　　　　　图 2-41　精光平面刀具路径

三、实战训练

训练 1： 跟随课程进程对电池盖模仁进行平坦面加工练习，按案例演示操作。

训练 2： 对如图 2-42 所示的遥控器模仁进行平坦面加工练习，刀具依次使用 D10 和 D4，使用教学刀库，最后要进行碰撞检查。

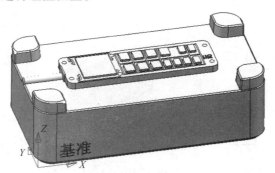

图 2-42　遥控器模仁

四、思考题

1）等高切面区域清除跟模型区域清除有什么共同点和不同点？

2）与平面余量比较多时，等高切面区域清除可以通过什么设置实现多层切削？

3）等高切面区域清除是用于底部平面的半精和精加工，其转速操作上应怎么选择？

五、分组讨论和评价

（1）分组讨论　5~6 人一组，探讨训练 2 的最佳解决方案，并进行成果讲解；班级评出最佳解决方案和讲解（考核参考）。

（2）评价（自评和互评）　请根据任务概要进行自评和互评。

单元3 等高精加工与实战训练

一、单元知识

1. 等高精加工策略

等高精加工策略是按下切步距定义的高度，将每条刀具路径水平投影到零件模型上进行精加工的一种加工方法，适合于加工陡峭面和垂直面。

2. 等高精加工的参数定义

1）排序方式：范围（刀具会先加工一个区域后再加工另一个区域）；层（刀具先加工所有区域的一层后，再加工下一层）。

2）用残留高度计算（图2-43）：通过设置最大下切步距，自动对局部位置刀具路径进行加密，降低粗糙度（图2-44）。

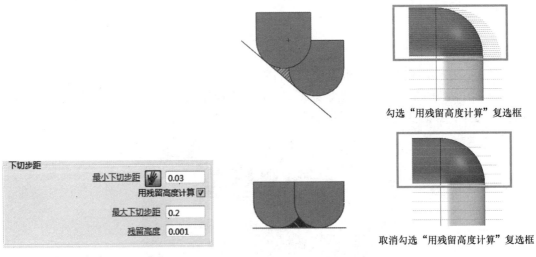

图2-43 下切步距参数设置   图2-44 用残留高度计算

3）额外毛坯：同一高度位置生成的两条相邻刀具路径距离，若小于所设的额外毛坯值，将自动连接起来，预防挤刀（图2-45）。

4）倒扣：用于加工倒扣位，在特殊情况下使用。

5）加工到平坦面：底部平坦面多一刀贴合型体轮廓的清角刀具路径。

6）不安全段移去：通过设置分离某些区域从而不对这些区域进行加工，区域的大小与分界值有关（图2-46）。

7）螺旋：会导致没有切入切出，拐角是利角，但加工区域没有内拐角时可以使用。

8）切入：重叠距离"0.2"可避免刀痕（用于精光）。

9）刀具路径工具栏：移动刀具路径点（可移动刀具路径的切入切出位置）。

10）限界：选择"允许刀具中心在毛坯之外"选项，注意此选项。

3. 最佳等高精加工策略

最佳等高精加工策略是指在陡峭和垂直区域使用等高精加工，在平坦区域使用三维偏置

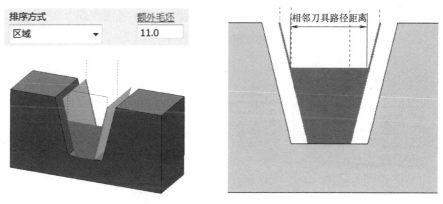

图 2-45　额外毛坯

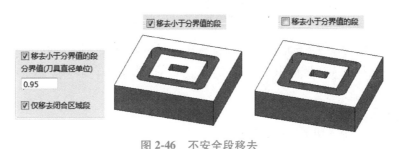

图 2-46　不安全段移去

精加工的混合加工策略。而且生成的刀具路径之间步距稳定。相关参数定义如下：

（1）螺旋　创建出螺旋线刀具路径，该选项的功能及应用与等高精加工策略中的螺旋选项相同。

（2）封闭式偏置　该选项是对平坦区域而言，勾选该复选框，可创建从外向内的封闭三维偏置刀具路径；否则创建从内向外的三维偏置刀具路径。

（3）光顺　用于设置刀具路径圆滑过渡。

（4）单独的浅滩行距　该选项是针对平坦区域的刀具路径而言，勾选该复选框，可单独设置平坦区域刀具路径的行距，要求浅滩行距一定要大于或等于"最佳等高精加工"对话框中的行距值。

二、电池盖模仁精光侧壁案例演示

通过电池盖模仁的精光陡峭面来掌握等高精加工策略的使用及其优化的参数设置。本案例由电池盖模仁半精侧壁和电池盖模仁精光侧壁两部分组成。

1. 电池盖模仁半精侧壁

（1）毛坯创建

1）方案一：重新创建毛坯，此方案在开粗时不适合，容易导致前后开粗毛坯不一致且浪费时间。

2）方案二：双击激活一条开粗刀具路径，再调取新的策略，这样下一条刀具路径就会自动使用上一条刀具路径的毛坯。

在此选用方案二，这样编程更加快捷、高效。

（2）选取策略　单击"刀具路径策略"按钮，弹出"策略选取器"对话框，选择左侧的"常用"选项，然后选择右侧的"等高精加工"选项（图2-47）。

图2-47　"策略选取器"对话框

（3）设置参数　在"等高精加工"对话框中进行参数设置（图2-48以及图2-49）。

1）用户坐标系：选择坐标系"1"；毛坯：继承开粗毛坯；刀具：选择"D6R0.5-L13-H30-T4"。

2）额外毛坯："4.0"。

3）公差："0.01"；切削方向："任意"。

4）余量："0.05"。

5）最小下切步距："0.2"。

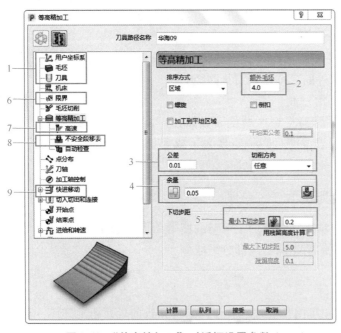

图2-48　"等高精加工"对话框设置参数1

图2-49　"等高精加工"
对话框设置参数2

6）限界：选择"允许刀具中心在毛坯之外"选项。

7）高速：勾选"修圆拐角"复选框，半径"0.06"。

8）不安全段移去：勾选"移去小于分界值的段"复选框；分界值"0.8"；勾选"仅移去闭合区域段"复选框。

9）快进间隙："68"；下切间隙："43"。

10）切入：第一选择"水平圆弧"，线性移动"0"，角度"60"，半径"1"；切出：第一选择"水平圆弧"，线性移动"0"，角度"60"，半径"0.5"；连接：第一选择"圆形圆弧"，应用约束距离"8"。

11）主轴转速："11050"；切削进给率："3570"；下切进给率："1785"。

（4）生成刀具路径　单击"计算"按钮，得出如图 2-50 所示的刀具路径。

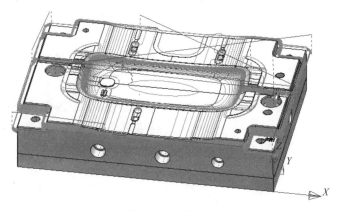

图 2-50　刀具路径

2. 电池盖模仁精光侧壁

（1）毛坯和层的创建

1）激活创建的坐标系 1，在右边的"查看"工具栏上单击"多色阴影"按钮，然后选取模型的侧壁（如图 2-51 所示的白色面），右击资源管理器上的"层和组合"选项，选择"产生层"选项（图 2-52），在新产生的层上右击并选择"获取已选模型几何形体"选项（图 2-53），重新命名该层为"精定位"。

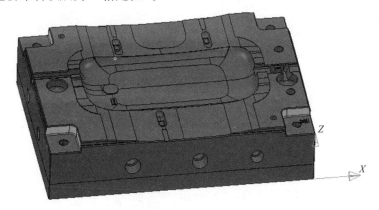

图 2-51　选中侧壁陡峭面

2）单击主工具栏上的"毛坯"按钮，在"扩展"文本框中输入"2"，依次单击"计算"→"接受"按钮。

图 2-52 "产生层"选项　　　　图 2-53 "获取已选模型几何形体"选项

（2）创建边界（图 2-54）

1）选取刚才选中的侧壁面（也可通过右击刚才创建的层，选择"选取全部"选项）。

2）右击资源管理器上的"边界"选项，选择"定义边界"→"已选曲面"选项。

3）在弹出的"已选曲面边界"对话框中，按如图 2-54 所示设置。

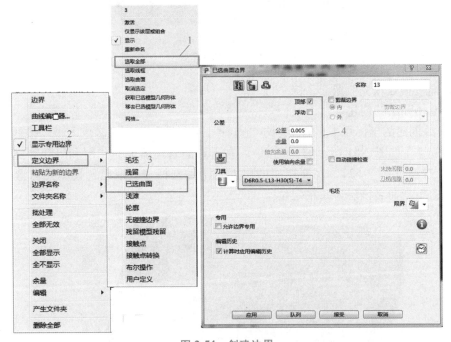

图 2-54　创建边界

4）依次单击"应用"→"接受"按钮。

5）对生成的边界进行修剪，多余的边界进行删除。

6）右击资源管理器上对应的刚生成的边界，选择"曲线编辑器"选项。

7）如图 2-55 所示，单击"偏置几何元素"按钮，在弹出对话框的左端单击"3D 圆形"按钮，在右端"距离"文本框中输入"0.3"，单击"曲线编辑器"工具栏右端的"接受改变"按钮。

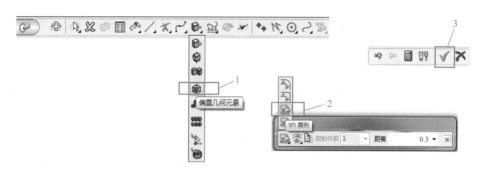

图 2-55　编辑边界

（3）创建刀具路径　右击上一条等高精加工刀具路径，选择"设置"选项，在弹出的对话框的左上角单击"基于此刀具路径产生一新的刀具路径"按钮，参数修改如下：

1）限界-边界：选择刚才创建的边界，如图 2-56 所示。

2）毛坯：选取刚才侧壁的面，单击"计算"按钮得出毛坯。

3）刀具：将 D6R0.5 的刀具复制成新的刀具，刀号更改为"14"，作为新建的刀具使用。

4）公差"0.005"、余量"0"、最小下切步距"0.1"。单击"计算"按钮，得出如图 2-57a 所示的刀具路径。

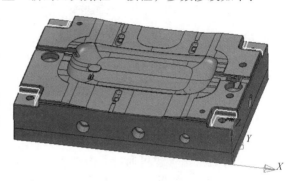

图 2-56　创建的边界

其中图 2-57b 为在"刀具路径"工具栏上单击"显示接触点路径"按钮所显示的情况。

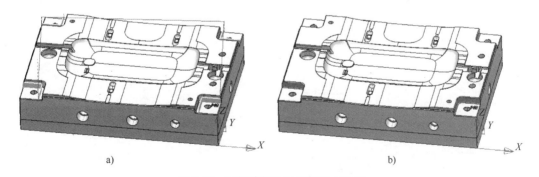

a)　　　　　　　　　　　　　　　　b)

图 2-57　刀具路径及显示接触点路径

三、电池盖模仁精光镶件槽案例演示

通过电池盖模仁的精光镶件槽来掌握最佳等高精加工策略的使用及其参数设置。本案例由半精镶件槽、精光 U 形镶件槽、精光凹型镶件槽和精光流道四部分组成。

1. 半精镶件槽

（1）创建层与毛坯（图 2-58）

1）激活创建的坐标系 1，在右边的"查看"工具栏上单击"多色阴影"按钮，然后选取模型的 U 形槽（如图 2-58 所示的白色面位置），右击资源管理器上的"层和组合"选项，选择"产生层"选项，在新产生的层上右击并选择"获取已选模型几何形体"选项，重新命名该层为"镶件槽 1"。

2）单击主工具栏上的"毛坯"按钮，在"扩展"文本框中输入"2"，依次单击"计算"→"接受"按钮，得到如图 2-58 所示的毛坯。

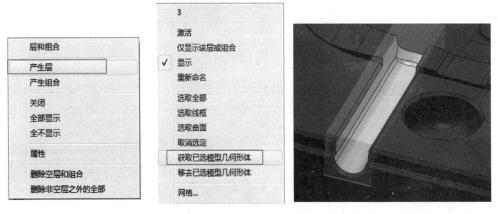

图 2-58　创建层与毛坯

（2）创建边界（图 2-59）

1）选取 U 形槽（也可通过右击刚才创建的层，选择"选取全部"选项）。

2）右击资源管理器上的"边界"选项，选择"定义边界"→"已选曲面"选项。

3）在弹出的"已选曲面边界"对话框中，按如图 2-59 所示进行设置。

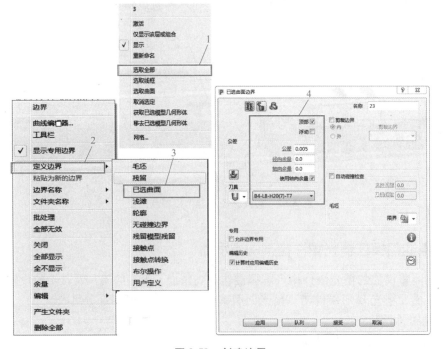

图 2-59　创建边界

4）依次单击"应用"→"接受"按钮。

5）对生成的边界进行修剪，多余的边界进行删除。

6）右击资源管理器上对应刚生成的边界，选择"曲线编辑器"选项。

7）如图 2-60 所示，单击"偏置几何元素"按钮，在弹出对话框的左端单击"3D 圆形"按钮，在右端"距离"文本框中输入"0.2"（就是刀具直径的 0.05 倍），单击"曲线编辑器"工具栏右端的"接受改变"按钮。

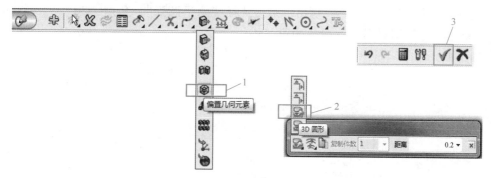

图 2-60　编辑边界

8）生成如图 2-61 所示的边界。

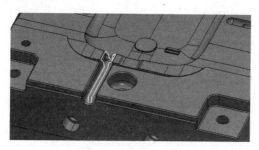

图 2-61　生成的边界

（3）选取策略　单击"刀具路径策略"按钮，弹出"策略选取器"对话框，左侧选择"精加工"选项，然后在右侧选择"最佳等高精加工"选项（图 2-62）。

图 2-62　选取最佳等高精加工策略

（4）设置参数　在"最佳等高精加工"对话框中进行参数设置（图 2-63）。

1）用户坐标系：选择坐标系"1"；毛坯：前面已经创建，检查；刀具：选择"B4-L8-H20（7)-T7"。

2）勾选"光顺"复选框；公差："0.01"；余量："0.05"；行距："0.15"；切削方向选择"任意"选项。

3）快进间隙"10"，下切间隙"5"，单击"计算"按钮；切入：第一选择"垂直圆弧"，角度"30"，半径"0.5"；切出：第一选择"水平圆弧"，角度"30"，半径"0.5"；连接：第一选择"圆形圆弧"，分界距离"10"。

4）主轴转速："20400"；切削进给率："3825"。

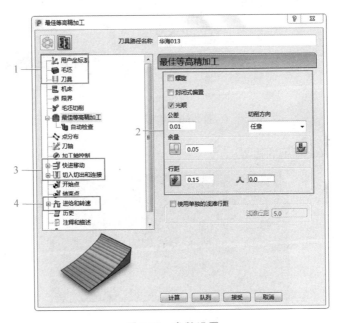

图 2-63　参数设置

（5）生成刀具路径　生成如图 2-64a 所示的刀具路径后，打开"刀具路径"工具栏，单击右端的"显示接触点路径"按钮，得到图 2-64b 所示的半精镶件槽刀具路径。

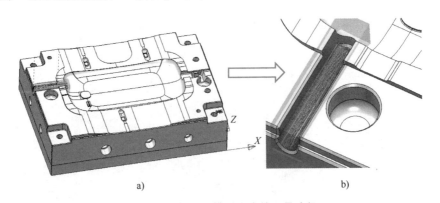

图 2-64　半精镶件槽时生成的刀具路径

2. 精光 U 形镶件槽

精光 U 形镶件槽，重复前面的半精镶件槽操作内容，部分参数更改如下：

1）在半精镶件槽步骤 2 中创建边界时：在"已选曲面边界"对话框中将刀具更改为"B2-L5-SD4-H22（12）-T10"；单击"偏置几何元素"按钮，在"距离"文本框中输入"0.1"。

2）在半精镶件槽步骤 4 中设置参数时：将刀具更改为"B2-L5-SD4-H22（12）-T10"，公差"0.005"，余量"0"，行距"0.05"，主轴转速"21250"，切削进给率"2550"，其他参数不变。

精光 U 形镶件槽时生成的刀具路径如图 2-65 所示。

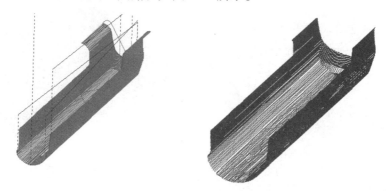

图 2-65　精光 U 形镶件槽时生成的刀具路径

3. 精光凹型镶件槽

精光凹型镶件槽，重复前面的半精镶件槽操作内容，部分参数更改如下：

1）在半精镶件槽步骤 1 中创建层与毛坯时：将选中的曲面改为如图 2-66 所示的白色面。

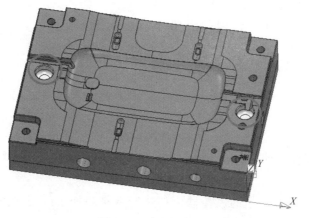

图 2-66　选中白色面

2）在半精镶件槽步骤 2 中创建边界时：在"已选曲面边界"对话框中将刀具更改为"D6R0.5-L13-H30（5）-T4"；单击"偏置几何元素"按钮，在"距离"文本框中输入"0.3"。

3）在半精镶件槽步骤 4 中设置参数时：将刀具更改为"D6R0. 5-L13-H30（5）-T4"，公差"0.005"，余量"0"，行距"0.1"，主轴转速"11050"，切削进给率"3570"，其他参数不变。

精光凹型镶件槽时生成的刀具路径如图 2-67 所示。

4. 精光流道

精光流道，重复前面的半精镶件槽操作内容，部分参数更改如下：

1）在半精镶件槽步骤 1 中创建层与毛坯时：将选中的曲面改为如图 2-68 所示的白色面。

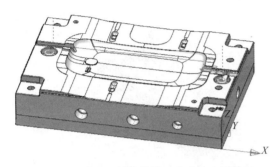

图 2-67 精光凹型镶件槽时生成的刀具路径

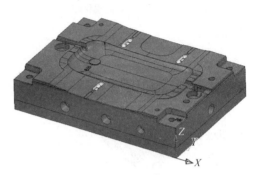

图 2-68 选中白色面

2）在半精镶件槽步骤 2 中创建边界时：在"已选曲面边界"对话框中将刀具更改为"B1-L1. 8-SD4-H16（8）-T11"；单击"偏置几何元素"按钮，在"距离"文本框中输入"0.05"。

3）在半精镶件槽步骤 4 中设置参数时：将刀具更改为"B1-L1. 8-SD4-H16（8）-T11"，公差"0.005"，余量"0"，行距"0.03"，主轴转速"22000"，切削进给率"2000"，其他参数不变。

精光流道时生成的刀具路径如图 2-69 所示。

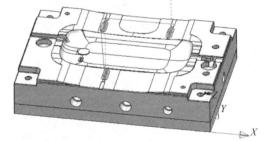

图 2-69 精光流道时生成的刀具路径

四、实战训练

训练 1：跟随课程进程对电池盖模仁进行等高精加工和最佳等高精加工练习，按案例演示操作。

训练 2：对如图 2-70 所示的遥控器模仁进行等高精加工练习，由 D10 刀具开始并使用残留边界清角，最后要进行碰撞检查。

训练 3：对如图 2-71 所示的镶件槽通过等高精加工策略进行半精和精光侧壁练习，最后要进行碰撞检查。

训练 4：对如图 2-72 所示零件的弧形曲面进行最佳等高精加工练习，包括半精和精光刀具路径，最后要进行碰撞检查。

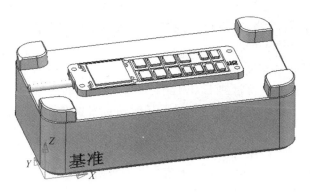

图 2-70 遥控器模仁

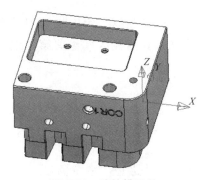

图 2-71 镶件槽零件

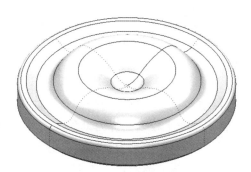

图 2-72 曲面零件

五、思考题

1）等高精加工适合加工哪些特征曲面？

2）等高精加工可以通过设置什么参数来实现弧形曲面刀具路径的加密从而降低表面粗糙度值？

3）最佳等高精加工没有拐角修圆设置，如何避免拐角尖角刀具路径？

六、分组讨论和评价

（1）分组讨论 5~6 人一组，探讨训练 2、训练 3 和训练 4 的最佳解决方案，并进行成果讲解；班级评出最佳解决方案和讲解（考核参考）。

（2）评价（自评和互评） 请根据任务概要进行自评和互评。

单元 4 平行精加工与实战训练

一、单元知识

1. 平行精加工策略

平行精加工是向下投影参考线所产生的精加工策略。通过沿着 Z 轴向下投影一预定义线框形状到模型来产生刀具路径。标准的平行几何形状直接通过在精加工对话框中输入值产生。依次单击"计算"按钮和"预览"按钮，能够在图像显示区中预览所产生的图案。

2. 平行精加工的参数定义

（1）角度 用于定义平行精加工刀具路径与 X 轴之间的夹角。

（2）开始角 用于指定刀具路径开始下切时所选择的模型相对位置，包括左下、右下、左上、右上。

（3）垂直路径 用于产生与第一条刀具路径垂直的第二条刀具路径，且可通过选项来优化刀具路径。勾选该复选框，会产生第二条刀具路径且垂直于开始刀具路径。

（4）浅滩角 用于定义零件结构面与坐标系 XOY 之间的夹角。用来区别零件的陡峭部位和平坦部位。当零件上的角度小于所定义的浅滩角时，当作平坦面，不产生垂直路径。

（5）优化平行路径 当刀具路径由第一组平行的刀具路径和第二组垂直的刀具路径组成时，若勾选"优化平行路径"复选框，系统会在垂直刀具路径区域修剪第一组平行刀具路径。

（6）加工顺序

1）单向：按单向顺序切削，单方向走完一条刀具路径，就会提刀一次走第二条刀具路径，因此会产生较多的提刀动作。

2）双向：双向连接刀具路径，连接的段是直线刀具路径。

3）双向连接：双向连接刀具路径，连接的段是圆弧刀具路径。系统激活"圆弧半径"选项，添加连接段的圆弧半径值（该值应大于或等于行距的一半）。

4）向上：使刀具总是沿着零件结构面的坡度从下向上加工，为了保证向上加工，系统会对刀具路径进行分割，重新安排单条刀具路径的切削方向，因此会产生较多提刀动作。

5）向下：与向上相反，使刀具总是沿着零件结构面的坡度从上向下加工。

二、电池盖模仁精光平缓面案例演示

通过电池盖模仁的分型面和胶位面的精光来掌握平行精加工策略的使用及其参数设置。本案例由半精分型面、精光分型面、半精胶位面和精光胶位面四部分内容组成。

1. 半精分型面

（1）毛坯创建

1）激活创建的坐标系1，在右边的"查看"工具栏上单击"多色阴影"按钮，然后选取模型的分型面，右击资源管理器上的"层和组合"选项，选择"产生层"选项，在新产生的层上右击并选择"获取已选模型几何形体"选项（图2-73），重新命名该层为"分型面"。

2）单击主工具栏上的"毛坯"按钮，在"扩展"文本框中输入"2"，依次单击"计算"→"接受"按钮，得到如图2-74所示的毛坯。

（2）创建边界

1）选取分型面（可通过右击刚才创建的层，选择"选取全部"选项）。

2）右击资源管理器上的"边界"选项，选择"定义边界"→"已选曲面"选项。

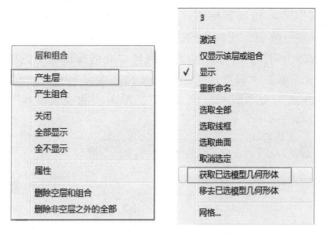

图 2-73　获取已选模型几何形体

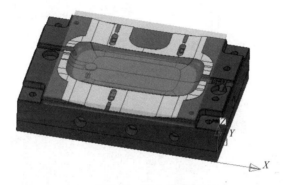

图 2-74　产生的毛坯

3）在弹出的"已选曲面边界"对话框中，按如图 2-75 所示进行设置。

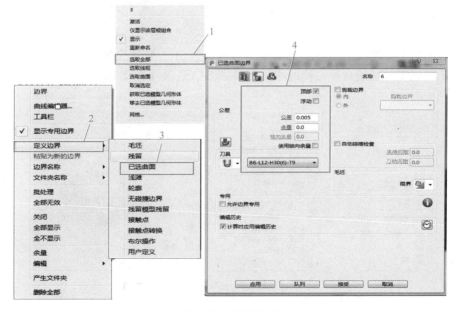

图 2-75　创建边界

4）依次单击"应用"→"接受"按钮。

5）对生成的边界进行修剪，把多余的边界删除。

6）右击资源管理器上对应刚生成的边界，选择"曲线编辑器"选项。

7）如图 2-76 所示，单击"偏置几何元素"按钮，在弹出的对话框的左端单击"3D 圆形"按钮，在右端"距离"文本框中输入"0.3"，单击"曲线编辑器"工具栏右端的"接受改变"按钮。

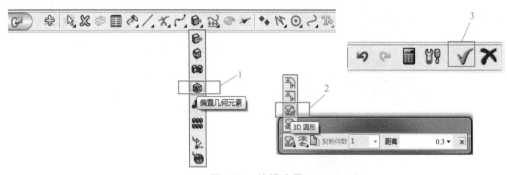

图 2-76　编辑边界

8）生成如图 2-77 所示的边界。

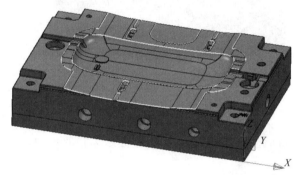

图 2-77　生成的边界

（3）选取策略　单击"刀具路径策略"按钮，弹出"策略选取器"对话框，选择左侧的"精加工"选项，然后选择右侧的"平行精加工"选项（图 2-78）。

图 2-78　选取平行精加工策略

（4）设置参数　在"平行精加工"对话框中进行参数设置（图 2-79、图 2-80）。

1）用户坐标系：选择坐标系"1"；毛坯：前面已经创建，检查；刀具：选择"B6-L12-H30（6）-T9"。

2）固定方向：角度"0.0"。

3）加工顺序："双向"。

4）公差："0.01"。

5）余量："0.05"；行距："0.25"。

6）限界：选择刚刚创建的边界。

7）高速：勾选"修圆拐角"复选框，半径"0.06"。

8）快进间隙"10"，下切间隙"5"，单击"计算"按钮。

9）切入：第一选择"垂直圆弧"，角度"30"，半径"0.5"；切出：第一选择"水平圆弧"，角度"30"，半径"0.5"；连接：第一选择"圆形圆弧"，应用约束距离"10.0"。

10）主轴转速："17000"；切削进给率："4250;"下切进给率："2125"。

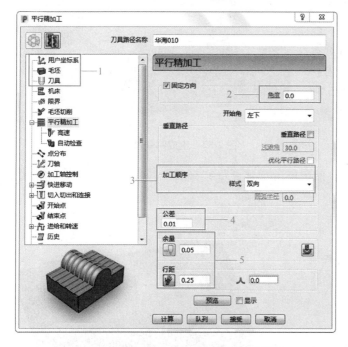

图 2-79　"平行精加工"对话框设置参数 1

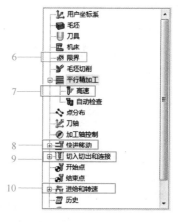

图 2-80　"平行精加工"对话框
设置参数 2

（5）刀具路径生成　生成如图 2-81a 所示的刀具路径后，在"刀具路径"工具栏中单击右端的"显示接触点路径"按钮，得到如图 2-81b 所示的刀具路径。

2. 精光分型面

单击"平行精加工"对话框左上角的"基于此刀具路径产生一新的刀具路径"按钮，新弹出的对话框中的参数更改如下：

1）公差："0.005"；余量："0"。

2）行距："0.08"。

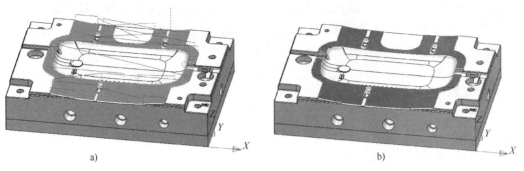

a)   b)

图 2-81 生成的半精刀具路径

3）单击"计算"按钮，得出如图 2-82 所示的刀具路径。

3. 半精胶位面

（1）创建层与毛坯

1）激活创建的坐标系 1，在右边的"查看"工具栏上单击"多色阴影"按钮，然后选取模型的胶位面，右击资源管理器上的"层和组合"选项，选择"产生层"选项，在新产生的层上右击并选择"获取已选模型几何形体"选项，重新命名该层为"胶位面"。

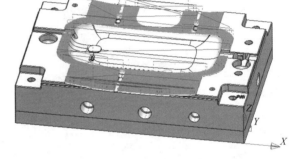

图 2-82 生成的精加工刀具路径

2）单击主工具栏上的"毛坯"按钮，在"扩展"文本框中输入"2"，依次单击"计算"→"接受"按钮，得到如图 2-83 所示的毛坯。

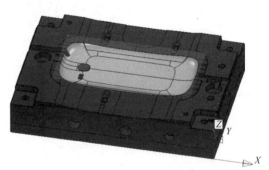

图 2-83 创建层与毛坯

（2）创建边界

1）选取胶位面（可通过右击刚才创建的"胶位面"层，选择"选取全部"选项）。

2）右击资源管理器上的"边界"选项，选择"定义边界"→"已选曲面"选项。

3）在弹出的"已选曲面边界"对话框中，按如图 2-84 所示进行设置。

4）依次单击"应用"→"接受"按钮。

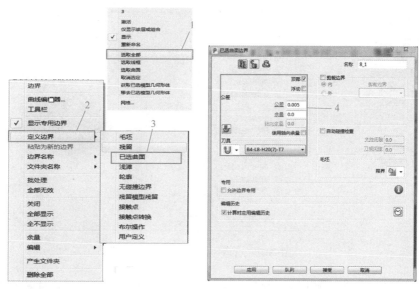

图 2-84　创建边界

5）对生成的边界进行修剪，把多余的边界删除。

6）右击资源管理器上对应的刚生成的边界，选择"曲线编辑器"选项。

7）如图 2-85 所示，单击"偏置几何元素"按钮，在弹出的对话框的左端单击"3D 圆形"按钮，在右端"距离"文本框中输入"0.3"，单击"曲线编辑器"工具栏右端的"接受改变"按钮。

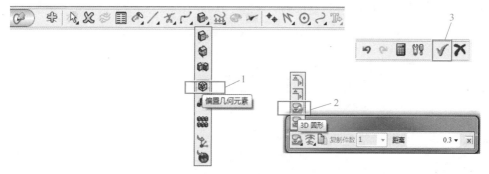

图 2-85　编辑边界

8）生成边界后，通过删减错乱的边界，得到如图 2-86 所示的边界。

（3）选取策略　单击"刀具路径策略"按钮，弹出策略选取器，选择左侧的"精加工"选项，然后选择右侧的"平行精加工"选项（图 2-87）。

（4）设置参数　在"平行精加工"对话框中进行参数设置（图 2-88、图 2-89）。

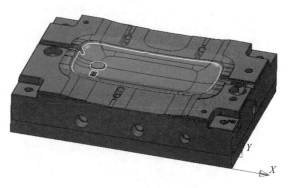

图 2-86　生成的边界

图 2-87　选取平行精加工策略

1）用户坐标系：选择坐标系"1"；毛坯：前面已经创建；刀具：选择"B4-L8-H20（7）-T7"。

2）角度："0.0"。

3）加工顺序：样式"双向"。

4）公差："0.01"。

5）余量："0.05"；行距："0.25"。

6）限界：选择刚刚创建的边界。

7）高速：勾选"修圆拐角"复选框，半径"0.06"。

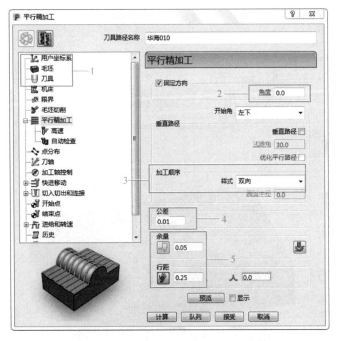

图 2-88　"平行精加工"对话框设置参数 1

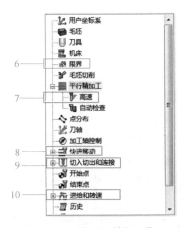

图 2-89　"平行精加工"
对话框设置参数 2

8）快进间隙"10"，下切间隙"5"，单击"计算"按钮。

9）切入：第一选择"垂直圆弧"，角度"30"，半径"0.5"；切出：第一选择"水平圆弧"，角度"30"，半径"0.5"；连接：第一选择"圆形圆弧"，应用约束距离"10.0"。

10）主轴转速："17000"；切削进给率："4250"；下切进给率："2125"。

（5）生成刀具路径　生成如图 2-90a 所示的刀具路径后，在"刀具路径"工具栏中单击右端的"显示接触点路径"按钮，得到如图 2-90b 所示的刀具路径。

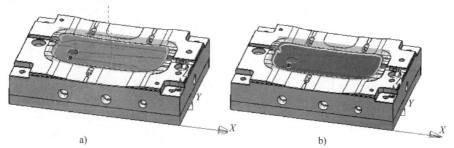

图 2-90　胶位面半精刀具路径

4. 精光胶位面

右击上一条半精胶位面的平行精加工刀具路径，选择"设置"选项，在弹出的对话框中单击"基于此刀具路径产生一新的刀具路径"按钮，弹出一新的对话框。新弹出的对话框参数更改如下：

1）公差："0.005"；余量："0"。

2）行距："0.08"；用部件余量保护胶位中间的碰穿面（图 2-91），余量保护："0.5"。

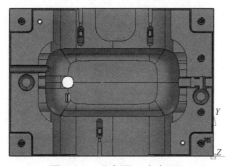

图 2-91　碰穿面（白色面）

3）其他参数都继承上一条刀具路径，单击"计算"按钮，得到如图 2-92 所示的刀具路径，用接触点显示得出如图 2-93 所示的刀具路径。

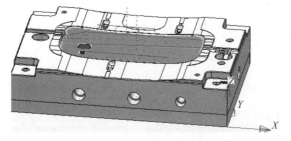

图 2-92　生成的精光刀具路径

71

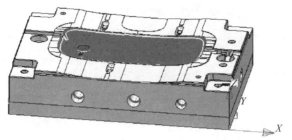

图 2-93　用接触点显示的刀具路径

三、实战训练

训练 1：跟随课程进程对电池盖模仁进行平行精加工练习，按案例演示进行操作。

训练 2：对如图 2-94 所示的小镶件进行平行精加工练习，包括半精、精光，使用教学刀库，最后要进行碰撞检查。

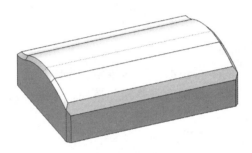

图 2-94　小镶件

四、思考题

1）平行精加工应如何设置参数避免提刀过多？

2）浅滩角的取值范围为 0°~90°，特殊情况下，当浅滩角为多少时，零件所有表面都会计算垂直刀具路径？当浅滩角为多少时，零件所有表面都不会有垂直刀具路径？

五、分组讨论和评价

（1）分组讨论　5~6 人一组，探讨训练 2 的最佳解决方案，并进行成果讲解；班级评出最佳解决方案和讲解（考核参考）。

（2）评价（自评和互评）　请根据任务概要进行自评和互评。

单元 5　清角精加工与实战训练

一、单元知识

1. 清角精加工策略

清角精加工策略的主要功能是用来清除前一个刀具无法清除的拐角中的材料，而沿着清角精加工策略是在模型浅滩区域偏置角落线生成多条刀具路径，在陡峭区域使用等高线生成刀具路径。

2. 清角精加工的参数定义

（1）输出　用于指定输出清角刀具路径的哪一部分，包括以下 3 个选项：

1）浅滩：只输出零件浅滩区域的清角刀具路径。

2）陡峭：只输出零件陡峭区域的清角刀具路径。

3）两者：输出全部清角刀具路径。

（2）策略

1）沿着：是指沿着模型的转角交叉轮廓由外向内偏置而生成刀具路径，刀具路径随着转角交叉线延伸轨迹的变化而变化，但始终与转角延伸轨迹平行。

2）自动：是指根据分界角在陡峭区域产生缝合清角刀具路径，同时在浅滩区域产生沿着清角刀具路径的加工方式。自动清角加工优点是系统能够自动识别零件上尖角处大量余量，而且在不同区域产生不同的清角刀具路径。

3）缝合：沿着角落处垂直方向产生清角刀具路径，系统生成类似于缝补破衣服的路径。

（3）分界角　用于区分浅滩区域和陡峭区域的分界角。当分界角为 90°时，系统将尽可能产生一连续大刀具路径，此时分界角不起任何作用。

（4）残留高度　用残留高度决定清角加工的行距。

（5）最大路径　勾选该复选框，可指定计算出清角刀具路径数量。

（6）切削方向　用于定义清角的切削方向，包括"顺铣""逆铣""任意"3 个选项。

（7）拐角探测　选择左侧列表框中"拐角探测"选项，在右侧显示拐角探测设置参数。

（8）参考刀具　根据参考刀具路径来计算本次清角加工的刀具路径。

（9）使用刀具路径参考　使用刀具路径作为清角加工的参考，要求刀具路径为笔式刀具路径。

（10）重叠　用于指定刀具路径延伸到未加工表面边缘外的延伸量。

（11）探测限界　用于设置角度极限值，其以水平面为"0"来计算。如果两曲面夹角小于所设置的值，则此角处产生清角加工刀具路径。对于大于探测限界角度的夹角，则不产生清角刀具路径。通常，探测限界角度值越大，系统会搜索出越多的角落来计算清角路径。探测限界的取值范围为 5°~176°。

二、电池盖模仁清角加工案例演示

通过电池盖模仁的胶位面和分型面的精光清角来掌握清角精加工策略的使用及其参数设置。本案例由半精清角胶位面、精光清角胶位面和清角分型面三部分组成。

1. 半精清角胶位面

（1）创建边界

1）在资源管理器上右击"边界"选项，然后选择"层和组合"选项，右击之前创建的胶位面，然后选择"选取全部"选项。

2）创建毛坯，在"毛坯"对话框中的"扩展"文本框中输入"2"，单击"计算"按钮。

3）右击资源管理器上的"边界"选项，选择"定义边界"→"已选曲面"。

4）在弹出的"已选曲面边界"对话框中，按如图 2-95 所示设置。

5）依次单击"应用"→"接受"按钮。

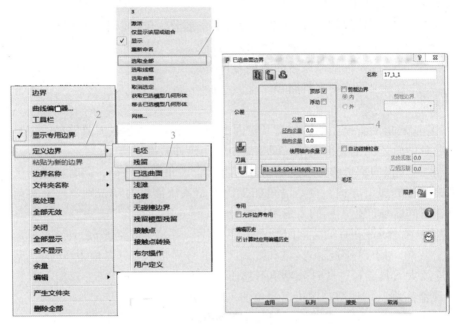

图 2-95　创建边界

6）对生成的边界进行修剪，把多余的边界删除。

7）右击资源管理器上对应刚生成的边界，选择"曲线编辑器"选项。

8）单击"偏置几何元素"按钮，在弹出的对话框的左端单击"3D 圆形"按钮，在右端"距离"文本框中输入"0.05"，单击"曲线编辑器"工具栏右端的"接受改变"按钮（图 2-96）。

9）在生成的边界上把中间的小边界删掉，如图 2-97 所示。

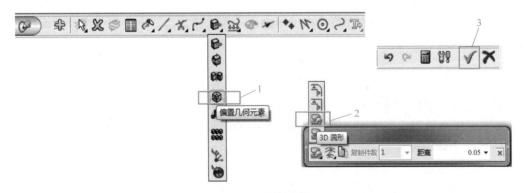

图 2-96　编辑边界

（2）创建辅助面　在 PowerShape 软件上创建如图 2-98 所示的面（将槽里面包裹），按下〈Ctrl〉键的同时单击选中的面往上拖动，松开后弹出对话框，在"Z 值"文本框中输入

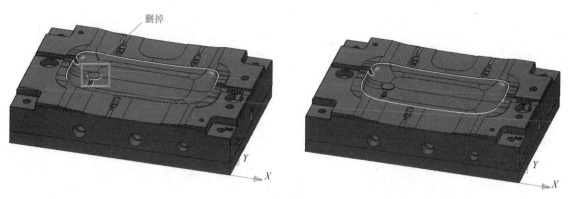

图 2-97　生成和删掉部分边界

"0.1"，单击"接受"按钮，得出抬高 0.1mm 的面，选中抬高的面在菜单栏的"模块"中单击"PowerMill（P）"，这样面就在 PowerMill 软件中了。

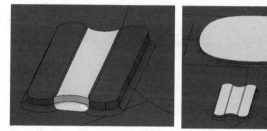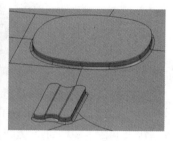

图 2-98　创建辅助面

（3）选取策略　单击"刀具路径策略"按钮，弹出"策略选取器"对话框，选择"精加工"选项，然后在右边选择"清角精加工"选项（图 2-99）。

图 2-99　选取清角精加工策略

（4）设置参数　在"清角精加工"对话框中进行参数设置（图 2-100）。

1）用户坐标系：选择坐标系"1"；毛坯：在"扩展"文本框中输入"2"；刀具：选择"B1-L1.8-SD4-H16（8）-T11；限界：使用刚才创建的边界。

2）对话框内参数按图 2-100 所示进行设置。

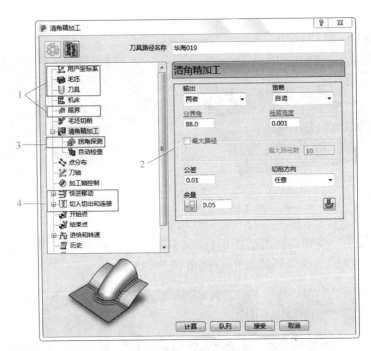

图 2-100　设置参数

3）刀具选择："B4-L8-H20-T7"；重叠："3"；探测角度："172"。

4）快进间隙"10"，下切间隙"5"，单击"计算"按钮；切入：第一选择"水平圆弧"，角度"60"，半径"0.5"；切出：第一选择"水平圆弧"，角度"60"，半径"0.5"；连接：第一选择"圆形圆弧"，分界距离"3"。

（5）生成刀具路径　生成如图 2-101 所示的刀具路径。

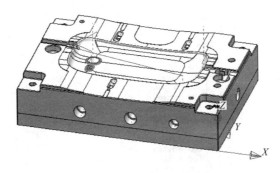

图 2-101　半精清角刀具路径

2. 精光清角胶位面

重复半精清角胶位面的操作内容，部分参数更改如下：

1）在半精清角胶位面步骤 1 的创建边界中：在"已选曲面边界"对话框中将刀具更改为"B0.6-L1-SD4-H12（4）-T12"；在"偏置几何元素"对话框中的"距离"文本框中输入"0.1"。

2）在半精清角胶位面步骤 4 的设置参数中：将刀具更改为"B0.6-L1-SD4-H12（4）-

T12"，公差"0.005"，余量"0.01"，主轴转速"25000"，切削进给率"400"，其他参数不变；生成的刀具路径如图 2-102 所示。

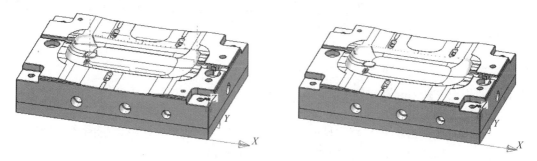

图 2-102　精光清角刀具路径

3. 清角分型面

重复半精清角胶位面的操作内容，部分参数更改如下：

1）在半精清角胶位面步骤 1 的创建边界中：选中如图 2-103 所示的部分分型面。

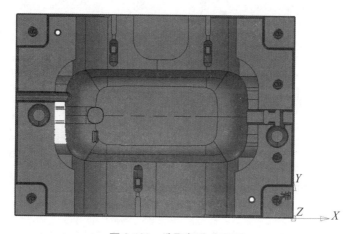

图 2-103　选取部分分型面

2）其他参数设置不变，参考前面内容，生成的刀具路径如图 2-104 所示。

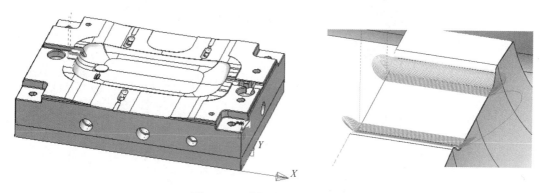

图 2-104　清角分型面刀具路径

三、电池盖模仁精定位清角加工案例演示

通过电池盖模仁精定位清角加工来掌握笔式清角策略的使用及其参数设置。本案例通过对电池盖模仁的精定位进行笔式清角加工。

1. 毛坯创建

双击激活图 2-57 所示的等高精加工刀具路径，再调取新的策略，这样下一条刀具路径就会自动使用上一条刀具路径的毛坯。

2. 选取策略

单击"刀具路径策略"按钮，弹出"策略选取器"对话框，选择左侧的"精加工"选项，然后选择右侧的"笔式清角精加工"选项（图 2-105）。

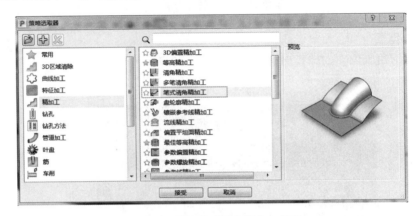

图 2-105　选取笔式清角精加工策略

3. 设置参数

1）单击"限界"选项，在右侧选择等高精加工用的边界。

2）如图 2-106 所示设置参数：输出"两者"；公差"0.005"；余量"0.01"。

图 2-106　笔式清角精加工设置

3）进给和转速：主轴转速"5525"；切削进给率"595"。

4. 生成刀具路径

得出如图 2-107 所示的刀具路径。

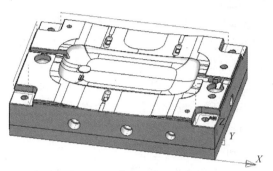

图 2-107 笔式清角精加工刀具路径

四、实战训练

训练 1：跟随课程进程对电池盖模仁进行清角精加工练习，按案例演示操作。

训练 2：对如图 2-108 所示零件的弧形曲面进行清角精加工练习，根据预设的刀具路径选用 4mm 直径的球刀进行清角，把根部清干净为止，使用教学刀库，最后要进行碰撞检查。

图 2-108 曲面零件

五、思考题

1）清角精加工多用于什么特征场合？如何设置与上一条刀具路径参考重叠？

2）使用清角精加工需要使用什么类型的刀具？笔式清角精加工一般用于哪些特征部位？

六、分组讨论和评价

（1）分组讨论 5~6 人一组，探讨训练 2 的最佳解决方案，并进行成果讲解；班级评出最佳解决方案和讲解（考核参考）。

（2）评价（自评和互评） 请根据任务概要进行自评和互评。

单元6 参考线精加工与实战训练

一、单元知识

1. 参考线精加工策略

参考线精加工是指将参考线投影到模型表面上，然后沿着投影后的参考线计算出刀具路径，生成刀具路径时，刀具中心始终落在参考线上。

在生活中所用的塑胶件表面都有字样标识，这种字样标识在模具工件生产中需要加工出来，所以需要一种策略对应这种加工，就是参考线精加工。参考线精加工可以用于其他用途，如筋条加工。

2. 参考线精加工的参数定义

（1）驱动曲线　用于选择控制刀具路径驱动轨迹的曲线。

（2）使用刀具路径　勾选该复选框，表示使用指定的刀具路径作为参考线来对模型进行加工。常用于将现有的三轴刀具路径转换为多轴刀具路径。

（3）参考线　创建或选取用来加工的参考线或刀具路径的名称。

（4）下限　用于定义切削路径的最低位置，包括以下3个选项。

1）自动：沿着刀轴方向降下刀具至零件表面。

2）投影：沿着Z轴方向降下刀具至零件表面。

3）驱动曲线：根据避免过切和多重切削段的不同选项放置参考线。

（5）加工顺序　控制刀具路径的加工顺序。往往一条参考线是由多个线段组成，各线段的方向在转换为刀具路径后就变成切削方向。

1）参考线方向：保持原始参考线方向进行切削。

2）自由方向：指重排参考线各段，允许自由方向。

3）固定方向：指重排参考线各段，不允许方向反向。

（6）轴向偏置　是指设置刀具路径相对于驱动曲线轴向向下的偏置距离（图2-109）。

图 2-109　轴向偏置定义

（7）多重切削　在"下限"下拉列表框中，选择"驱动曲线"选项，单击左侧列表框中的"多重切削"选项，在右侧显示多重切削加工参数，如图2-110所示。

1）无：不生成多重切削路径。

2）向下偏置：向下偏置顶部切削路径，以形成多重切削路径。

3）向上偏置：向上偏置底部切削路径，以形成多重切削路径。

4）合并：同时从顶部和底部路径开始偏置，在接合部位合并处理。

5）上限：设置刀具路径可提到驱动曲线之上的最大距离（图2-111）。

6）最大切削次数：用于设置下限和上限间的最大切削次数。

7）排序方式：选择多重切削是区域优先还是层优先（图2-112）。

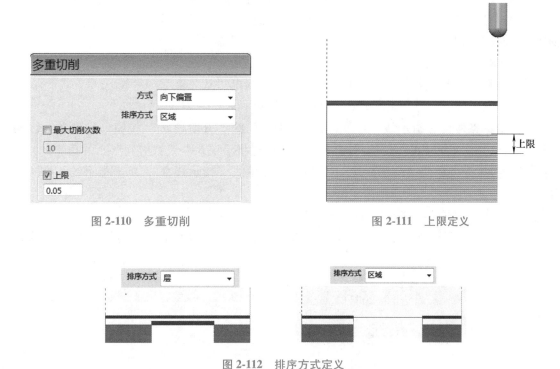

图 2-110 多重切削　　　　　　　　　图 2-111 上限定义

图 2-112 排序方式定义

二、电池盖模仁字码案例演示

通过电池盖模仁的字码加工来掌握参考线精加工策略的使用及其参数设置。

1. 创建参考线

如图 2-113 所示，选取白色指示面（指示线 1），选取字的其他三个面（指示线 2），打

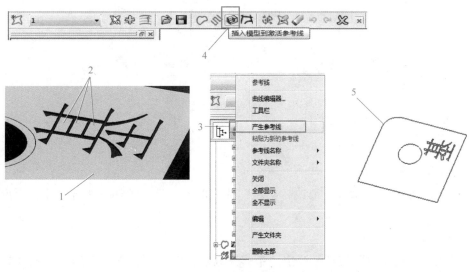

图 2-113 创建参考线

开"参考线"工具栏，右击资源管理器的参考线，选择"产生参考线"选项（指示线3），单击"参考线"工具栏的"插入模型到激活参考线"按钮（指示线4），生成如图2-113所示参考线（指示线5）。

2. 编辑参考线（图2-114）

1）手动删除图中多余的参考线（指示线1），得出"基"字。

2）在参考线上双击（指示线2），弹出曲线编辑器。

3）全选参考线（指示线3），单击指示线4处的"分割已选"按钮，删除多余线条（指示线5）（注意字体的每一笔只保留一条），通过指示线6中"裁剪到点"的功能，对删减后的参考线进行延长（指示线7），然后全选参考线（指示线8），单击指示线9处按钮合并。

4）单击指示线10处按钮，再单击"偏置几何参数"按钮。

5）单击指示线11处的"2D尖锐"按钮，在指示线12处"距离"文本框中输入"0.1"。

6）单击指示线13处的"接受改变"按钮。

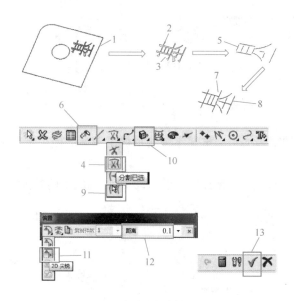

图2-114　编辑参考线

3. 创建毛坯

1）激活坐标系"1"。

2）按图2-115所示选取面，修改"扩展"为"0.5"，计算毛坯（毛坯把字体深度都包括即可）。

4. 选取策略

单击"刀具路径策略"按钮，弹出"策略选取器"对话框，选择左侧的"精加工"选项，然后选择右侧的"参考线精加工"选项（图2-116）。

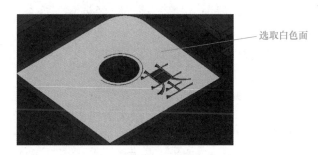

图 2-115　选取面

图 2-116　选取参考线精加工策略

5. 设置参数

在"参考线精加工"对话框中进行参数设置（图 2-117）。

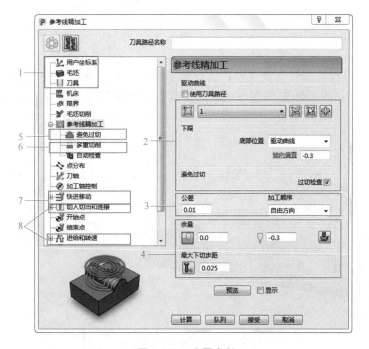

图 2-117　设置参数

1）用户坐标系：选择坐标系"1"；毛坯：前面已经创建，检查；刀具：选择"B0.6-L1-SD4-H12（4）-T12"。

2）选取上面步骤创建的参考线；底部位置："驱动曲线"；轴向偏置："-0.3"；勾选"过切检查"复选框。

3）公差："0.01"；加工顺序："自由方向"。

4）径向余量："0.0"。轴向余量："-0.3"；最大下切步距："0.025"。

5）避免过切上限："0.05"。

6）方式："向下偏置"；排序方式："层"；上限："0.05"。

7）快进间隙："10"；下切高度："5"；单击"计算"按钮。

8）切入：第一选择无，切出：第一选择无；连接：第一选择掠过；主轴转速："18000"；切削进给率："1500"；下切进给率："750"。

6. 生成刀具路径

生成的刀具路径如图 2-118 所示。

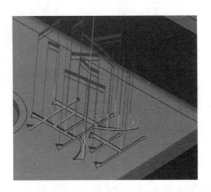

图 2-118　生成的刀具路径

三、实战训练

训练 1：跟随课程进程对电池盖模仁进行刻字练习，按案例演示进行操作。

训练 2：对图 2-119 所示定模镶件顶面的大排气和小排气进行编程，根据槽宽使用 8mm 直径刀具。

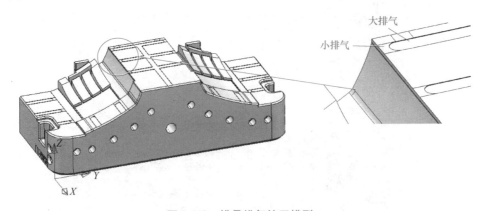

图 2-119　模具排气练习模型

四、思考题

1）参考线精加工多用于哪些场合？

2）参考线精加工策略是通过定义什么辅助设置来实现刀具路径的生成？

五、分组讨论和评价

（1）分组讨论　5~6 人一组，探讨训练 2 的最佳解决方案，并进行成果讲解；班级评出最佳解决方案和讲解（考核参考）。

（2）评价（自评和互评）　请根据任务概要进行自评和互评。

03

项目三
>>>>> 程序检查、仿真模拟与实战训练

任务概要

任务目标：深入了解刀具路径碰撞过切检查设置、刀具路径仿真模拟以及优化刀具路径降低加工成本，掌握刀具路径检查、输出 NC 程序及最后用外挂出程序单的操作。

掌握程度：掌握输出没有安全隐患的 NC 程序，并保证刀具路径高效地完成所有加工。

主要教学任务：介绍碰撞仿真设置，认识刀具路径编辑功能，讲解外挂出程序单及如何安全输出 NC 程序。

条件配置：PowerMill 2017 软件，Windows 7 系统计算机。

训练任务：电池盖模仁刀具路径整理、仿真模拟和出程序单。

项目任务书：

任务名称	电池盖模仁刀具路径整理、仿真模拟和出程序单
任务要求	整理刀具路径、输出安全的 NC 程序及出正确的程序单
任务设定	1. 毛坯图：无 2. 零件图：有前面练习做好刀具路径的遥控器模仁 3. 毛坯材料和技术要求：模具钢
预期成果	阶段完成任务：按要求整理刀具路径及梳理加工顺序，用外挂完成碰撞检查，输出安全 NC 程序，用外挂完成程序单

单元1 刀具路径碰撞过切检查及质量事故案例讲解

一、单元知识

1. 单元概述

历年来，惨痛的安全事故时刻提醒我们，工厂危险源必须要进行根本清理才能让人民的生命财产安全得到根本保障。在实际生产中，由于数控机床和刀具价格不菲，程序的安全性也面对同样的问题，因此排除程序中的"危险源"成为我们编程的重中之重。

刀具路径安全检查技术是 CAM 软件技术攻关的重点领域。为了校验程序的准确性和安全性，在使用程序进行加工之前，常常执行以下两个步骤：第一步，在 CAM 软件内部进行刀具路径安全检查，这样可以排除一些明显的错误，如安全高度设置不够高、刀具刃长不

够、夹持与零件碰撞等；第二步，在将刀具路径输出为 NC 程序后，利用专门的刀具路径模拟软件来检查刀具路径。

图线形式的刀具路径只有在转换为字符形式的 NC 代码后，数控机床的数控装置才能进一步转换为二进制代码，进而驱动机床各轴运动。将图形化的刀具路径转换为 NC 代码的过程称为后处理或者后置处理。

刀具路径记录了加工刀具、切削用量、走刀方式、进给率等内容。这些信息不能直接输送到数控机床中使其运动起来，因为数控系统只能读取和处理二进制数（0 和 1）。想要数控系统识别这些信息，必须借助一个翻译器将这些信息翻译为数控系统能够识别的字符代码（即 NC）程序。

2. 碰撞检查概述

右击处于激活状态的刀具路径，在弹出的快捷菜单中选择"检查"→"刀具路径"选项，或者在工具栏中单击"刀具路径检查"按钮，弹出"刀具路径检查"对话框，设置如图 3-1 所示（过切检查直接改变指示线 1 处选项即可）。

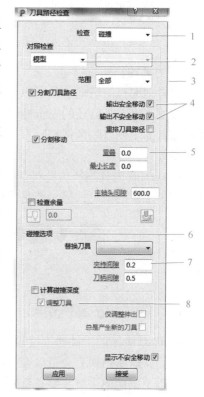

1）刀具路径检查有两个选项，即"碰撞"和"过切"。

2）刀具路径对照检查的目标，可以是"模型"或"残留模型"。

3）刀具路径检查的范围，包括"全部""切削移动""连接移动""切入切出"和"连接"五个选项。

4）勾选这些复选框时，将刀具路径分割为安全的和不安全的两条刀具路径。

5）为减少碰撞和非碰撞刀具路径相遇出现的表面痕迹，碰撞刀具路径延伸到非碰撞刀具路径的距离。

6）定义碰撞的参数。

7）保证不发生碰撞的情况下，刀柄、夹持与工件之间的间隙值。

8）发生碰撞时，调整刀具的刃长、柄长等参数，生成一把新的刀具，并用新刀具输出安全路径。

图 3-1 "刀具路径检查"对话框

3. 排列刀具路径顺序原则

刀具路径如果顺序颠倒或者顺序不合理都会引起一系列的问题，轻者弹刀过切，重者会引起严重的撞机事故，所以务必要合理地排列刀具路径顺序。排列刀具路径顺序原则如下：

1）先开粗后半精后精光（看余量设置：开粗>0.1，半精≥0.04，精光<0.02）。

2）优先大刀开粗，分割的刀具路径由上往下进行排列。

3）按刀具排列刀具路径顺序：刀具直径（开粗的刀具≤半精的刀具≤精光的刀具）。

4）同一种直径的刀具尽量排列在一起，方便现场备刀。

5）使用等高精加工策略半精或精光侧壁之前，底部平面先半精或精光。

4. 刀具路径分割

如果开粗刀具路径的加工时间过长，刀具就会有磨损和加工不到位的情况。因此要综合考虑开粗的切削量和加工时间，一条开粗刀具路径的时间限制在30min内，单击"分割刀具路径"按钮（图3-2），在对话框中更改"包括切入切出时间"在"30"以内，然后单击"应用"按钮，原刀具路径不要输出。

分割好的刀具路径要从上往下排列，要检查好刀具路径顺序，显示刀具路径看一看，不要跳过，否则会有撞机风险。

图3-2 "刀具路径"工具栏

5. 刀具路径仿真模拟

在自动编程的培训、教学以及实际编程过程中，使刀具在虚拟环境中切削一遍实体毛坯，以便观察刀具路径的安全性以及刀具加工质量等，是一件非常有意义的事情。执行刀具路径仿真的主要目的包括校验刀具路径有无碰撞和过切，观察走刀顺序以及刀具路径加工表面质量等。

PowerMill 刀具路径仿真包括两方面的操作：一个是 ViewMill 切削仿真（图3-3），观察刀具切削工件的情况；另一个是带机床的仿真，观察机床执行该刀具路径时的走刀情况。

图3-3 ViewMill 工具栏

二、质量事故案例讲解

在 CNC 机床的工件加工过程中质量异常主要集中于编程工艺、刀具路径以及程序清单几个方面，这些错误完全可以在提高编程技能的基础上通过建立相关标准、操作规范等进行改善。以下案例的讲解主要是针对刀具路径出单前检查不到位而导致的加工异常。这些异常可以反映出工作人员不遵守基本的操作流程，受以往习惯性思维局限，并对工件部分问题把握不严谨，工作细致程度不够，对此应该遵照规范的工作流程，多沟通交流，多思维辩证，时刻反思自问，精雕细琢，力求完美，一丝不苟，认真专注，追求卓越，体现出应有的职业素养和工匠精神。

案例1：在加工导风板滑块镶件时，由于编程基准与设计下发的三维图基准不符，导致加工错误。

原因分析：

导入模型后发现没有基准坐标，未与相关人员沟通确定，便自行设定了编程基准坐标，基准与设计下发的三维图基准不符导致错误发生（图3-4）。

预防措施：

遇到三维模型导入没有标注基准时，要及时反映或与相关人员沟通确认。

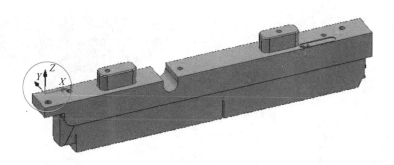

图 3-4　程序基准错误

案例 2：在加工钣金下模板时，如图 3-5 所示，由于在 NC 程序中多出一个坐标系位置而导致加工中刀具碰撞事故，正确的刀具路径应该如图 3-6 所示。

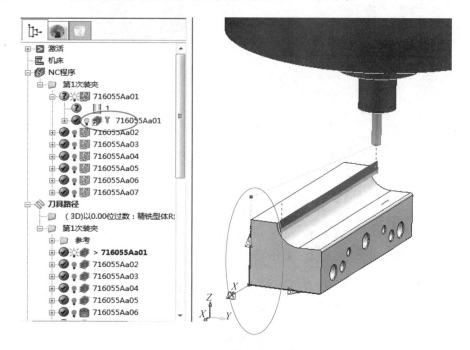

图 3-5　错误的坐标系位置

原因分析：

由于后处理中出现错误，如图 3-7 所示，插入了换刀指令，导致在 NC 程序中出现刀具返回坐标原点位置的情况（图 3-5），造成刀具、工件发生碰撞。

预防措施：

NC 程序不应随意更改，编辑刀具路径后要进行碰撞过切检查，正确的刀具路径如图 3-6 所示。

案例 3：在加工支撑横梁成形模凹模镶件时，未认真检查刀具路径，造成刀具路径下切擦伤工件，刀具报废。

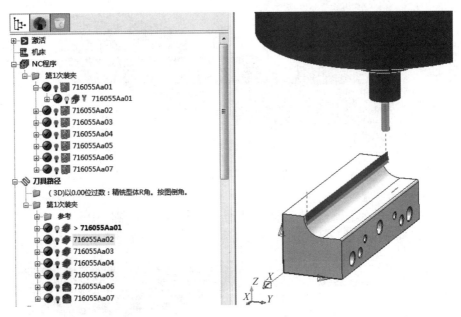

图 3-6　正确的刀具路径

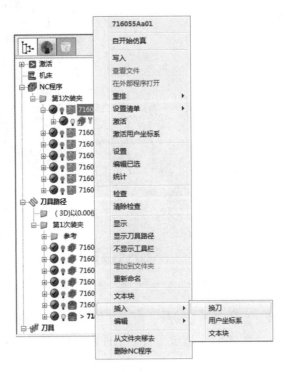

图 3-7　NC 程序插入换刀错误操作

原因分析：

使用模板时未认真检查刀具路径，碰撞检查后没有及时更新刀号，导致错误。异常刀具路径如图 3-8 所示。

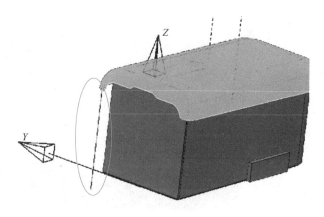

图 3-8　异常刀具路径

预防措施：

选择毛坯不可太大，对已选曲面边界要优化检查，在使用模板时要认真检查计算后的刀具路径，程序清单不要复制模板，要进行刀具路径过切碰撞检查。

案例 4：在加工面板时，由于错选用过大的钻咀而导致镶针穿丝孔加工过切，加工位置如图 3-9 所示。

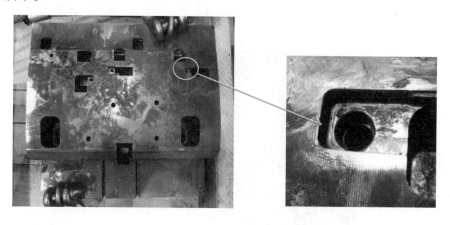

图 3-9　加工位置

原因分析：

如图 3-10 所示，因镶针穿丝孔与斜顶穿丝孔孔径是不相同的，而在定义镶针穿丝孔与斜顶穿丝孔等特征时局部会产生有相同孔特征，由于粗心，没有区分孔径大小选用同一钻咀编程，没有进行过切检查，导致镶针穿丝孔加工过切。

预防措施：

产生特征时要留意其值是否正确，避免误选特征；若有条件，可参考二维图或在模型上进行测量确认。

案例 5：加工面板体时，由于开粗不到位，造成下一刀具在曲面掠过时发生干涉碰撞，导致刀具报废。

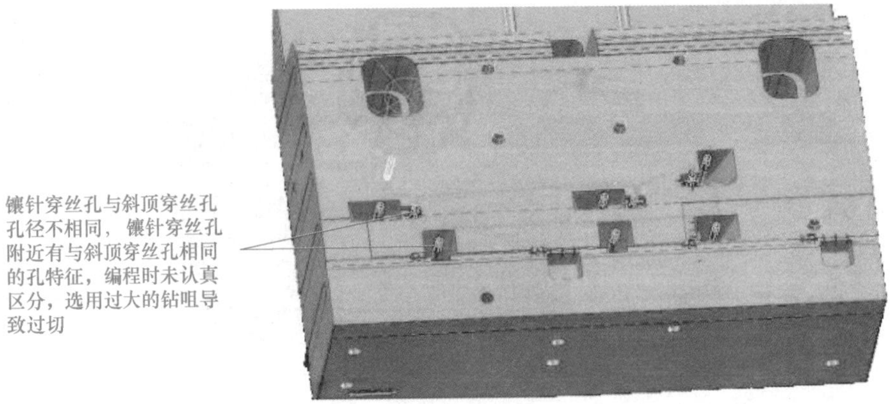

镶针穿丝孔与斜顶穿丝孔孔径不相同，镶针穿丝孔附近有与斜顶穿丝孔相同的孔特征，编程时未认真区分，选用过大的钻咀导致过切

图 3-10　镶针穿丝孔位置

原因分析：

加工前后考虑不周，开粗未到位，如图 3-11 所示，下一刀具却选择较低位置掠过，导致刀具、工件干涉碰撞。

预防措施：

选择刀具路径连接时，应考虑全面，特别注意保护敏感位置并考虑加工余量大小是否对刀具造成干涉。

此处开粗不到位

图 3-11　掠过刀具路径干涉

单元 2　电池盖模仁仿真模拟及出程序单与实战训练

一、电池盖模仁出程序单案例演示

通过电池盖模仁的刀具路径整理、碰撞检查、仿真模拟、输出 NC 程序和出程序单来熟悉本单元的具体操作，并了解外挂的使用。

1. 分割刀具路径

（1）激活刀具路径　调出"刀具路径"工具栏，如图 3-12 所示，单击"刀具路径统计"按钮，弹出"刀具路径统计"对话框，如图 3-13 所示。

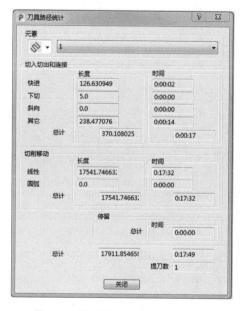

图 3-12 "刀具路径"工具栏

（2）查看提刀数　如果提刀数很高，通过调整切入切出和连接来减少提刀数。

（3）总计加工时间　如果开粗时间超过 30min，要进行分割刀具路径，每 30min 一条刀具路径（图 3-14）。

图 3-13 "刀具路径统计"对话框

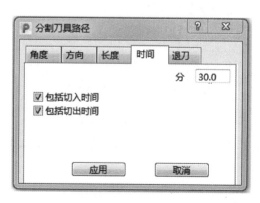

图 3-14 "分割刀具路径"对话框

2. 刀具路径排列

按表 3-1 中的刀具路径顺序对上一项目的电池盖模仁编程生成的刀具路径手动进行排列。

表 3-1　刀具路径排列

刀具路径顺序	策略	刀号	刀具	刀长/mm	刃长/mm	余量（径/轴）/mm
1	模型区域清除	5	E10-H40-T5	40	26	0.15/0.15
2	模型区域清除	5	E10-H40-T5	40	26	0.15/0.15
3	模型区域清除	5	E10-H40-T5	40	26	0.15/0.15
4	残留模型区域清除	6	E4-L11-H20-T6	20	11	0.17/0.15
5	残留模型区域清除	8	E2-L6-SD4-H22-T8	22	6	0.2/0.15
6	残留模型区域清除	11	B1-L1.8-SD4-H16-T11	16	1.8	0.05/0.05
7	等高切面区域清除	5	E10-H40-T5	40	26	1/0.04
8	等高切面区域清除	6	E4-L11-H20-T6	20	11	1/0.04
9	等高精加工	4	D6R0.5-L13-H30-T4	30	13	0.05/0.05
10	平行精加工	9	B6-L12-H30（6）-T9*	30	12	0.05/0.05
11	平行精加工	7	B4-L8-H20（7）-T7	20	8	0.05/0.05
12	最佳等高精加工	7	B4-L8-H20（7）-T7	20	8	0.05/0.05
13	清角精加工	10	B2-L5-SD4-H22（12）-T10	22	5	0.05/0.05
14	等高切面区域清除	6	E4-L11-H20-T6	20	11	0.5/0
15	最佳等高精加工	4	D6R0.5-L13-H30-T4	30	13	0/0
16	等高精加工	4	D6R0.5-L13-H30-T4	30	13	0/0
17	笔式清角精加工	4	D6R0.5-L13-H30-T4	30	13	0.01/0.01
18	平行精加工	9	B6-L12-H30（6）-T9*	30	12	0/0
19	平行精加工	7	B4-L8-H20（7）-T7	20	8	0/0
20	最佳等高精加工	10	B2-L5-SD4-H22（12）-T10	22	5	0/0
21	清角精加工	11	B1-L1.8-SD4-H16（8）-T11	16	1.8	0.01/0.01
22	最佳等高精加工	11	B1-L1.8-SD4-H16（8）-T11	16	1.8	0/0
23	清角精加工	11	B1-L1.8-SD4-H16（8）-T11	16	1.8	0.01/0.01
24	清角精加工	12	B0.6-L1-SD4-H12（4）-T12	12	1	0.01/0.01
25	参考线精加工	12	B0.6-L1-SD4-H12（4）-T12	12	1	0/-0.3

3. 刀具路径重新命名

使用外挂：设置如图 3-15 所示，注意一些不输出的刀具路径不要在右边勾选，最后单击"重新命名"按钮（刀具路径命名不要出现中文，机床识别不了，会出现乱码）。

4. 刀具路径碰撞过切检查

1）使用碰撞过切检查的外挂进行碰撞过切检查。

2）务必把所有的辅助面删掉，只剩下一个初始模型。

图 3-15　刀具路径重新命名

3）单击"工具箱"选项卡，选择下方的"碰撞过切检查"选项。

4）碰撞过切检查参数设置如图 3-16 所示，其中类型选择"刀具路径"选项。

5）部分设置严格按照如图 3-16 所示设置，不要勾选"调整刀长"和"先设短刀长"复选框，在最右边选择要碰撞的刀具路径，最后单击"碰撞检查"按钮。

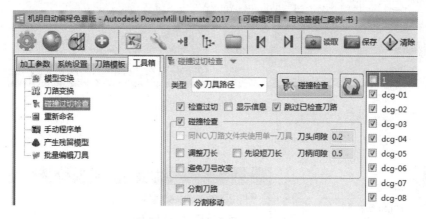

图 3-16　刀具路径碰撞过切检查

5. 刀具路径仿真模拟

激活刀具路径，显示毛坯并将毛坯在图像显示区显示到最大效果。仿真完一条刀具路径再进行第二条刀具路径的仿真，依次重复进行下列步骤（图 3-17）。

1）右击刀具路径，选择"自开始仿真"选项。

2）打开 ViewMill 工具栏；单击"开/关 ViewMill"按钮。

3）单击"彩虹阴影图像"按钮。

4）运行到末端。

5）观察刀具路径有无异常切削。

6）仿真完一条刀具路径再进行第二条刀路的仿真。

仿真模拟过程如图 3-18 所示。

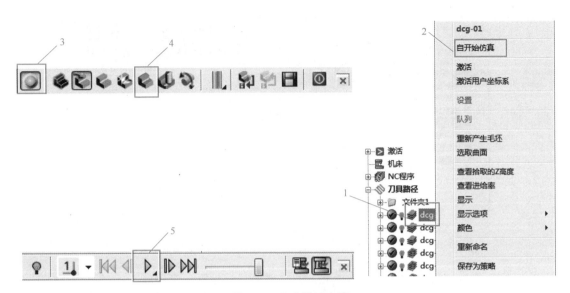

图 3-17　仿真模拟步骤

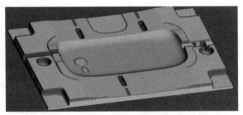

图 3-18　仿真模拟过程

6. 输出 NC 程序（图 3-19）

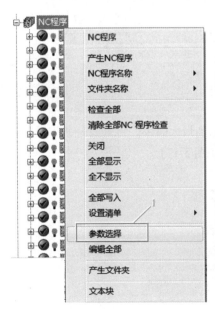
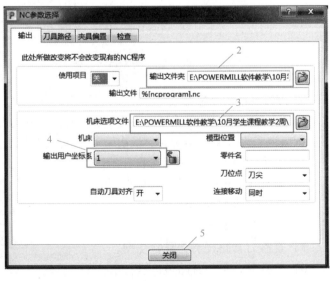

图 3-19　设置 NC 参数

1）右击资源管理器上的"NC程序"选项，选择"参数选择"选项。

2）在"NC参数选择"对话框中的"输出文件夹"中选择要输出NC程序的路径（路径自己创建）。

3）选择机床选项文件。

4）在"输出用户坐标系"下拉列表框中选择坐标系"1"。

5）单击"关闭"按钮。

6）全选刀具路径右击，选择"产生独立的NC程序"选项（图3-20）。

7）全选NC刀具路径右击，选择"写入已选"选项（图3-20）。

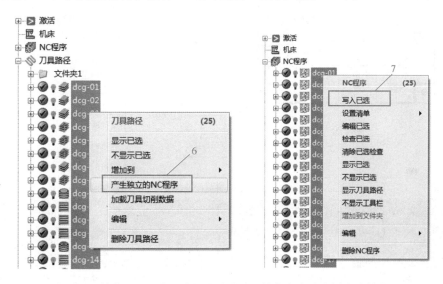

图 3-20　输出 NC 程序（实际生产中 NC 的命名应改为拼音或数字）

7. 生成程序单

打开外挂：选择"手动程序单"选项，先单击"保存"按钮，最后单击"生成"按钮（图3-21）。

图 3-21　生成程序单

得出的电池盖模仁程序单见表3-2。

表 3-2　电池盖模仁程序单

电池盖模仁程序单

客户名称	
模具编号	
专案名称	编程案例
工件名称	
机床编号	
编程员	
工件尺寸	170mm×120mm×37.494mm
装夹方式	
分中方式	XY 单边，Z 底为 0
工件材质	
工件数量	
预计时间	3h：4min：22s
上机时间	
下机时间	

| 专案路径 | C：\ Users \ Administrator \ Desktop \ 电池盖模仁编程案例 | 制表时间 | |

序号	NC名称	刀号	类型	刀具	刀长/mm	刃长/mm	切削深度/mm	切削进给率/(mm/min)	余量(径/轴)/mm	主轴转速/(r/min)	加工时间/(h:min:s)
1	dcg-01	5	开粗	E10-H40-T5	40	26	0.85	2900	0.15/0.15	3600	00：29：29
2	dcg-02	5	开粗	E10-H40-T5	40	26	3.8	2900	0.15/0.15	3600	00：30：38
3	dcg-03	5	开粗	E10-H40-T5	40	26	9.49	2900	0.15/0.15	3600	00：12：02
4	dcg-04	6	开粗	E4-L11-H20-T6	20	11	8.28	2900	0.17/0.15	8000	00：10：17
5	dcg-05	8	开粗	E2-L6-SD4-H22-T8	22	6	6.96	1275	0.2/0.15	10200	00：09：22
6	dcg-06	11	半精	B1-L1.8-SD4-H16-T11	16	1.8	6.49	1300	0.05/0.05	25000	00：09：43
7	dcg-07	5	半精	E10-H40-T5	40	26	6.92	2900	1/0.04	3600	00：01：24
8	dcg-08	6	半精	E4-L11-H20-T6	20	11	8.42	2900	1/0.04	8000	00：00：15
9	dcg-09	4	半精	D6R0.5-L13-H30-T4	30	13	9.49	3570	0.05/0.05	11050	00：06：22
10	dcg-10	9	半精	B6-L12-H30（6）-T9＊	30	12	4.05	4250	0.05/0.05	17000	00：06：00
11	dcg-11	7	半精	B4-L8-H20（7）-T7	20	8	6.96	3825	0.05/0.05	20400	00：07：06
12	dcg-12	7	半精	B4-L8-H20（7）-T7	20	8	6.39	3825	0.05/0.05	20400	00：00：35
13	dcg-13	10	半精	B2-L5-SD4-H22（12）-T10	22	5	6.87	2550	0.05/0.05	21250	00：01：56
14	dcg-14	6	精光	E4-L11-H20-T6	20	11	8.46	2900	0.5/0	8000	00：00：27
15	dcg-15	4	精光	D6R0.5-L13-H30-T4	30	13	8.46	3570	0/0	11050	00：01：08
16	dcg-16	4	精光	D6R0.5-L13-H30-T4	30	13	6.89	3570	0/0	11050	00：01：48
17	dcg-17	4	精光	D6R0.5-L13-H30-T4	30	13	6.95	595	0.01/0.01	5525	00：00：19

（续）

序号	NC名称	刀号	类型	刀具	刀长/mm	刃长/mm	切削深度/mm	切削进给率/(mm/min)	余量(径/轴)/mm	主轴转速/(r/min)	加工时间/(h:min:s)
18	dcg-18	9	精光	B6-L12-H30（6)-T9*	30	12	4.1	4250	0/0	17000	00:18:28
19	dcg-19	7	精光	B4-L8-H20（7)-T7	20	8	7.01	3825	0/0	20400	00:17:41
20	dcg-20	10	精光	B2-L5-SD4-H22（12)-T10	22	5	6.44	2550	0/0	21250	00:02:38
21	dcg-21	11	精光	B1-L1.8-SD4-H16（8)-T11	16	1.8	6.91	2000	0.01/0.01	22000	00:02:51
22	dcg-22	11	精光	B1-L1.8-SD4-H16（8)-T11	16	1.8	6.55	2000	0/0	22000	00:05:05
23	dcg-23	11	精光	B1-L1.8-SD4-H16（8)-T11	16	1.8	0.7	2000	0.01/0.01	22000	00:00:16
24	dcg-24	12	精光	B0.6-L1-SD4-H12（4)-T12	12	1	6.9	500	0.01/0.01	25000	00:05:32
25	dcg-25	12	精光	B0.6-L1-SD4-H12（4)-T12	12	1	7.26	500	0/-0.3	25000	00:03:00

二、实战训练

训练1： 跟随课程进程对电池盖模仁进行刀具路径整理、碰撞过切检查、仿真模拟及出程序单。

训练2： 对如图3-22所示的遥控器模仁进行刀具路径编程、整理、碰撞过切检查、仿真模拟及出程序单。

训练3： 对如图3-23所示的小镶件进行刀具路径编程、整理、碰撞过切检查、仿真模拟及出程序单。

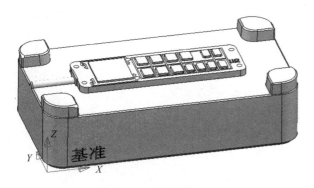

图3-22　遥控器模仁

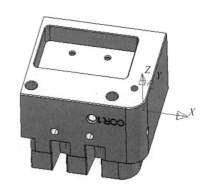

图3-23　小镶件

三、思考题

1）碰撞过切检查分别是防止加工过程中哪些情况或者异常发生？

2）如果开粗刀具路径过长，需要重点考虑刀具的哪些失效方式来保证零件的加工精度？可以通过怎样的刀具路径编辑方式来保证加工时刀具的精度，从而避免加工不到位？

3）为了防止底部刀具路径因转速、进给过大导致刀具受载过大和底部加工面粗糙，在精光侧壁陡峭面前，必须要先精光哪个部位？

四、分组讨论和评价

（1）分组讨论　5~6人一组，探讨训练2和训练3的最佳解决方案，并进行成果讲解；班级评出最佳解决方案和讲解（考核参考）。

（2）评价（自评和互评）　请根据任务概要进行自评和互评。

04

项目四

>>>>> 四轴及五轴数控编程与实战训练

单元1 四轴编程方法及技巧与实战训练

一、任务概要

任务目标：深入了解四轴策略及其参数定义，掌握四轴特征刀具路径的生成以及编辑，能独立对四轴工件进行简单编程。

掌握程度：能独立完成四轴编程、编写出合理安全的刀具路径。

主要教学任务：介绍旋转精加工策略、参考线精加工策略，刀轴控制讲解，四轴编程练习指导。

条件配置：PowerMill 2017 软件，Windows 7 系统计算机。

训练任务：螺旋轴、注塑机螺杆。

任务书：

任务名称	螺旋轴、注塑机螺杆
任务要求	整理刀具路径、输出 NC 程序及出程序单
任务设定	1. 毛坯图：无 2. 零件图：螺旋轴、注塑机螺杆 3. 毛坯材料和技术要求：铝件
预期成果	阶段完成任务：完成螺旋轴、注塑机螺杆工件的编程

二、单元知识

1. 四轴加工的零件

在机械加工领域，对于圆形截面回转体工件，如传动轴、连接管等，一般是使用普通车床或者数控车床来加工成形。但是，对于带有非圆截面的柱状工件（图 4-1a）以及一些带有精确分度要求特征的工件，数控车床和三轴数控铣床都比较难以加工出来。这种情况采用四轴联动数控加工中心配合四轴加工策略就可以轻易完成加工任务。

自新冠肺炎疫情暴发以来，无论国内还是国外，对口罩的需求都非常巨大，我国作为全球制造业大国，有非常多国内企业投入到口罩机的研发生产中。口罩机中一个重要部件就是刀模（图 4-1b），要求在圆柱形刀轴上加工出形状复杂的刃口，需要通过四轴加工中心加工，但编程难度大，很多口罩机生产都受限于此。我国数控编程人员发扬工匠精神，不畏困难，积极探索，加班加点研究攻关，终于在短时间内编出了合乎要求的口罩机刀模刃口加工程序，并进行推广，实现了口罩机的井喷式生产。那段时间，各个大小加工厂都在热火朝天地加工这个刀模，四轴数控加工起到了非常关键的作用，有利配合了全社会的防疫和抗疫。四轴编程工艺是数控加工的中高端技术，为此应该学好其相关知识和技能，孜孜不倦，为我国制造业的未来发展添砖加瓦。

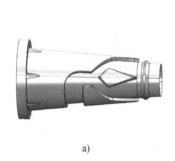
a)

b)

图 4-1　柱状工件和刀模

2. 旋转精加工

在 PowerMill 软件中，计算四轴粗、精加工刀具路径主要可以使用旋转精加工策略（图 4-2），该策略在非圆截面柱类工件侧表面上计算整圆刀具路径。使用旋转精加工策略时，在编程和装夹工件过程中，要特别注意的是，PowerMill 系统默认 X 轴为工件旋转轴线，工件绕 X 轴旋转形成 A 轴运动，同时工件可沿 X、Y 向做直线运动，刀具沿 Z 向做直线运动，完成四轴加工。

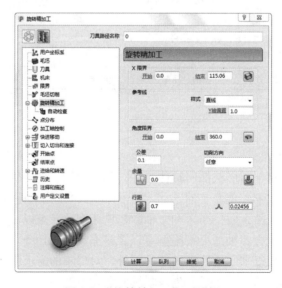

图 4-2　"旋转精加工"对话框

旋转精加工策略的参数定义如下：

1）X 限界：即 X 轴向的加工范围。

2）参考线：设置旋转刀具路径的分布方法、方向等参数。

① 样式：定义螺旋铣削的方法，包含直线、圆形和螺旋三个选项。

② Y 轴偏置：为避免球头刀具使用刀尖点切削工件而出现静点切削的现象，将刀具向 Y 轴偏移一定距离。

3）角度限界：定义旋转加工的回转范围。以 Z 轴为基准，用"开始"和"结束"两个选项来限定。

3. 刀轴指向方式"朝向直线"

除了旋转精加工策略，另外其他联动方式如果选取刀轴指向方式为"朝向直线"且直线的矢量与 X 轴平行，也可以实现四轴加工（图 4-3）。

4. 注意事项

1）要结合四轴机床旋转轴的实际结构进行编程，确定旋转轴的方向。

2）四轴定位方式编程的刀轴控制方式多是朝向直线，这个直线就是 X 轴。

图 4-3　刀轴指向方式

3）编程的坐标系必须要沿着 X 轴方向，所以工件设定的用户坐标系在工件的回转中心线上。但毛坯创建时可以单独产生一个 Z 轴朝向回转中心的坐标系来创建毛坯。

4）实际加工时还应该了解 A 轴的行程范围。编程前必须周密设计加工工艺，开粗方式除了定位方式以外还可以采取联动分层方式，要结合实际工件的形状和要求灵活确定。

三、螺旋轴及注塑机螺杆案例演示与分析

通过螺旋轴、注塑机螺杆来掌握旋转精加工和参考线精加工策略的使用及其四轴参数设置。

1. 螺旋轴案例

螺旋轴（图 4-4）的粗加工使用 3+1 轴两面开粗的加工方式，而半精加工及精加工都使用到旋转精加工策略。前者就是简单的三轴的刀具路径开粗加残留开粗，在此就不陈述了，如以下案例里只简述旋转精加工策略生成的刀具路径。

图 4-4　螺旋轴

操作步骤如下：

1）坐标系设置：坐标系"1"（自己创建时要在旋转轴中心，坐标 Z 以底部为零，方向在轴线上）。

2）调取旋转精加工策略（图 4-5）。

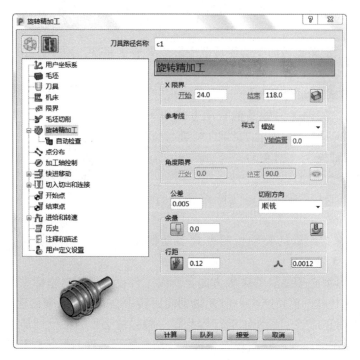

图 4-5 "旋转精加工"对话框

3）刀具路径坐标：不用选择任何坐标系（在不选择任何坐标系的情形下，默认用世界坐标系）。

4）在"毛坯"对话框中，"由... 定义"下拉列表框中选择"圆柱"选项，"坐标系"下拉列表框中选择"坐标系1"选项，全选模型，单击"计算"按钮，最小值改为"24"。

5）在"刀具路径连接"对话框中，安全区域类型选择"圆柱"选项，下切间隙："2.0"；快进间隙："10"。

6）开始点："第一点安全高度"；结束点："最后一点安全高度"。

7）在 X 限界"开始"文本框中输入"24.0"，"结束"文本框中输入"118.0"。

8）参考线样式选择"螺旋"选项，切削方向选择"顺铣"选项；其他参数按图 4-5 所示进行设置。

9）切入：第一选择"垂直圆弧"；角度"90"；半径"1"；切出：第一选择"水平圆弧"；角度"90"；半径"1"；连接：第一选择"圆形圆弧"；应用约束距离"10.0"。

10）主轴转速："17000"；切削进给率："4250"。

完成以上步骤后，单击"计算"按钮，得出如图 4-6 所示的刀具路径。

2. 注塑机螺杆案例

如图 4-7 所示，一个圆轴上有一条超长导距螺旋槽，槽的宽度为 10.66mm，深度为

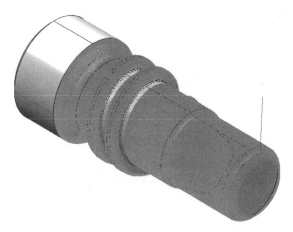

图 4-6　旋转精加工刀具路径

6mm，螺旋线的导程非常大，使用四轴数控铣床更容易解决这一加工问题。使用自定心卡盘夹紧圆柱毛坯，另一端使用顶尖定位。操作步骤如下。

图 4-7　螺杆

（1）产生参考线　如图 4-8 所示，选取白色的螺旋槽外表面（指示线 1），在资源管理器上右击"参考线"选项，选择"产生参考线"选项（指示线 2），单击"参考线"工具栏中的"插入模型到激活的参考线"按钮（指示线 3），生成参考线（指示线 4）。

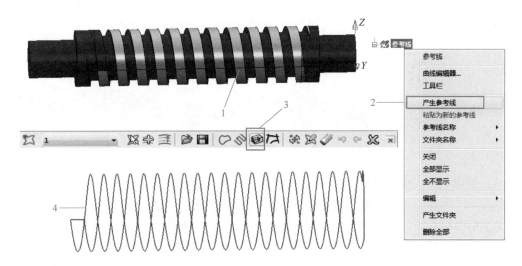

图 4-8　产生参考线

（2）编辑参考线（图4-9）

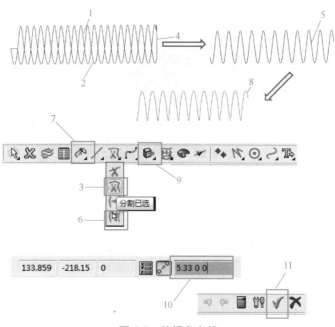

图4-9　编辑参考线

1）在参考线上双击（指示线1），弹出"曲线编辑器"。

2）全选参考线（指示线2），单击指示线3处的"分割已选"按钮，删除多余线条（指示线4）（可以删除一头一尾后合并，就有两条参考线，最后删除一条参考线），全选所有参考线（指示线5），单击"合并拾取"按钮（指示线6），单击指示线7中的"裁剪到点"按钮，对删减后的参考线根据槽的长短进行延长或缩短（指示线8），然后全选参考线，单击指示线9处的"变换"按钮，再单击"移动几何元素"按钮，在状态栏的坐标文本框中，输入"5.3300"（指示线10）。

3）然后单击"接受改变"按钮（指示线11）。产生的参考线如图4-10所示。

图4-10　产生的参考线

（3）创建毛坯　全选模型，单击主工具栏上的"毛坯"按钮，在"由…定义"下拉列表框中选择"圆柱"选项，在"坐标系"下拉列表框中选择"世界坐标系"选项，在"扩展"文本框中输入"0.0"，最后单击"计算"按钮，得出如图4-11所示的毛坯。

（4）选取策略　单击"刀具路径策略"按钮，选择左侧的"精加工"选项，然后选择右侧的"参考线精加工"选项（图4-12）。

图 4-11　创建毛坯

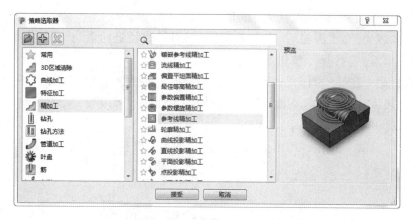

图 4-12　选取参考线精加工策略

（5）设置参数　在"参考线精加工"对话框中进行参数设置（图 4-13）。

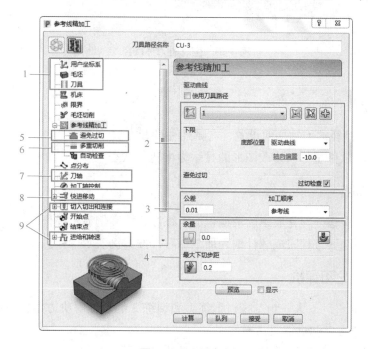

图 4-13　设置参数

1）用户坐标系：选择坐标系"1"；毛坯：前面已经创建，检查；刀具：选择"E10R0"。

2）选取上面的参考线"1"；"底部位置"下拉列表框中选择"驱动曲线"选项，勾选"过切检查"复选框，"轴向偏置"文本框中输入"-10.0"。

3）公差："0.01"，加工顺序："参考线"。

4）余量："0.0"；最大下切步距："0.2"。

5）避免过切上限："0.05"。

6）方式："合并"；排序方式："区域"；上限："0.0"；最大下切步距："0.2"。

7）刀轴："朝向直线"［点（0, 0, 0），方向（1, 0, 0）］。

8）安全区域类型："圆柱"；用户坐标系："刀具路径坐标系"；快进间隙："10"；下切高度："5"；单击"计算"按钮。

9）切入：第一选择"斜向"；沿着"刀具路径"；最大左倾角"2"；斜向高度"0.3"；切出：无；连接：第一选择"在曲面上"，应用约束距离"<10"；主轴转速："2200"；切削进给率："2000"；下切进给率："300"。

最后单击"计算"按钮，得出如图4-14所示的刀具路径。

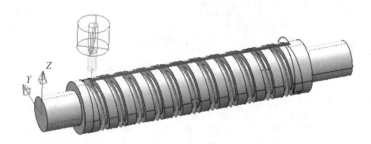

图 4-14　生成的刀具路径

四、思考题

1）四轴刀具路径的刀轴如何设置，有哪几种设置方法？

2）PowerMill 软件里如何修改图形的显示为半透明状态？

五、实战训练

训练 1：跟随课程进程完成螺旋轴编程加工练习，按案例演示操作。

训练 2：跟随课程进程完成螺杆编程加工练习，按案例演示操作。

六、分组讨论和评价

（1）分组讨论　5~6 人一组，探讨训练 1 和训练 2 的最佳解决方案，并进行成果讲解；班级评出最佳解决方案和讲解（考核参考）。

（2）评价（自评和互评）　请根据任务概要进行自评和互评。

单元 2 五轴编程方法及技巧与实战训练

一、任务概要

任务目标：深入了解五轴策略及其参数定义，了解刀轴指向控制、自动碰撞避让、刀轴光顺等五轴设置，掌握五轴简单工件的编程。

掌握程度：能独立完成五轴工件编程、编写出合理安全的刀具路径。

主要教学任务：介绍刀轴指向控制、投影精加工、自动碰撞避让、刀轴光顺等。

条件配置：PowerMill 2017 软件，Windows 7 系统计算机。

训练任务：螺旋桨、各投影策略以及刀轴控制的相关练习等。

任务书：

任务名称	螺旋桨、各投影策略以及刀轴控制的相关练习
任务要求	完成螺旋桨编程加工、各投影策略以及刀轴控制的相关练习
任务设定	1. 毛坯图：无 2. 零件图：螺旋桨、各投影策略以及刀轴控制练习图档 3. 毛坯材料和技术要求：铝件
预期成果	阶段完成任务：完成螺旋桨的精加工编程，完成各投影策略以及刀轴控制的相关练习

二、单元知识

1. 定位五轴

五轴机床配合 3+2 轴加工方式，将刀轴根据工件侧面结构特征倾斜，将侧面结构特征转变为正面结构特征，这样使用三轴加工策略来计算刀具路径，就可以解决大部分工件侧面结构特征的机械加工成形问题。图 4-15 所示为定位五轴加工的典型工件。

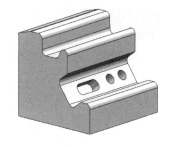

图 4-15 定位五轴加工的典型工件

五轴的定位编程：多轴加工串联程序（图 4-16）。

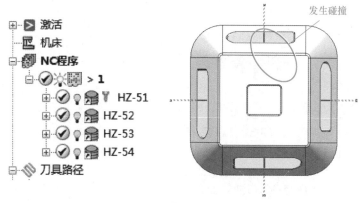

图 4-16 串联的 NC 程序和异常的刀具路径

1）多轴直接串联会出现撞刀现象。

2）建立多个坐标在串联刀具路径中间（图 4-17 以及图 4-18）。

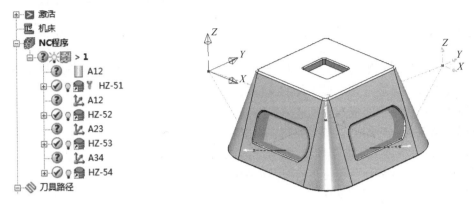

图 4-17　插入坐标设置

图 4-18　定位五轴正常刀具路径

2. 五轴的联动加工

整个切削路径过程的刀轴矢量可根据要求而改变，由控制路径轴 X、Y、Z 控制旋转轴 $A(B)$、C 来实现（图 4-19）。

3. 刀轴控制（图 4-20）

1）前倾角：刀轴与刀具路径前进方向所成的角度。

如图 4-21 所示，沿刀具路径前进方向倾斜 15°，刀具沿前进方向倾斜。注意当"方式"选择"垂直"选项时，前倾角度就是与 Z 轴所成的夹角。

图 4-19　五轴联动刀具路径

2）侧倾角：刀轴与刀具路径前进方向的侧向夹角。

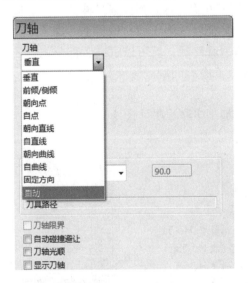

图 4-20　刀轴选项

如图 4-22 所示，刀具路径侧倾 15°，即刀具与 Z 轴成 15°，刀具沿前进方向的左边倾斜。

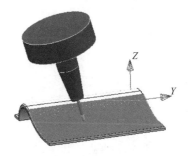

图 4-21　刀轴前倾 15°设置

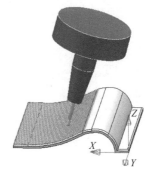

图 4-22　刀轴侧倾 15°设置

3）朝向点：刀具的刀尖部分始终通过指向的固定点。

如图 4-23 所示，刀具中心线始终都朝向指定的点，适合加工凸台部位，该点坐标值与编程坐标有关。

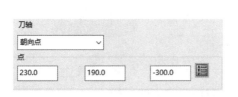

图 4-23　刀轴朝向点设置

4）自点：刀具的刀尖部分始终远离固定点。

如图 4-24 所示，刀具中心线始终都背向指定的点，适合加工深腔部位工件，该点坐标值与编程坐标有关。

5）朝向直线：刀具的刀尖部分始终指向用户定义的直线。

如图 4-25 所示，刀具中心线始终都朝向指定的直线，该直线 Z 坐标值与编程坐标有关，需要设定直线矢量方向。

6）自直线：刀具的刀尖部分始终远离用户定义的直线。

如图 4-26 所示，刀具中心线始终都背向指定的直线，该直线 Z 坐标值与编程坐标有关，需要设定直线矢量方向。

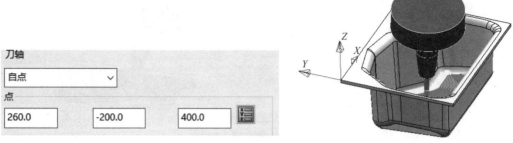

图 4-24　刀轴自点设置

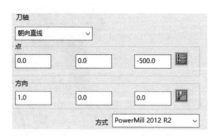

图 4-25　刀轴朝向直线设置

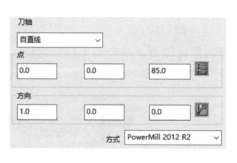

图 4-26　刀轴自直线设置

7）朝向曲线：刀具的刀尖部分始终指向用户定义的曲线。

如图 4-27 所示，刀具中心线始终都朝向指定的曲线，需要提前创建该曲线并转换成参考线。

图 4-27　刀轴朝向曲线设置

8）自曲线：刀具的刀尖部分总是远离用户定义的曲线。

如图 4-28 所示，刀具中心线始终都背向指定的曲线，需要提前创建该曲线并转换成参考线。

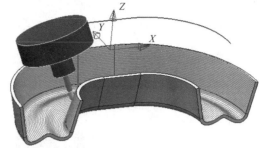

图 4-28　刀轴自曲线设置

9）固定方向：刀轴设置为用户定义的角度。

如图 4-29 所示，刀轴始终指向一个方向，该方向由 X、Y、Z 三个矢量决定。

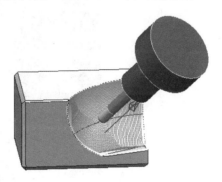

图 4-29　刀轴固定方向设置

4. 刀轴方式选项

不同的加工策略和刀轴指向方式会有不同的选项（图 4-30）。

图 4-30　刀轴方式选项

1）接触点法线：前倾角从刀具路径接触点法线方向开始测量，接触点法线的侧倾角无论正负，刀具路径都一样，只是刀具路径方向变了。

2）垂直：前倾角从 Z 轴开始测量。

3）PowerMill 2012 R2：使用 PowerMill 2012 R2 版本，效果接近于预览线框设置。

4）预览线框法向：前倾角从参考图形（预览线框）的法向方向开始测量。

5）预览线框：刀轴被参考图形（预览线框）定义，刀具路径投影到模型上，然后刀轴平移到模型上，若刀轴设置为"自点"，则此时刀轴的轴线没有通过"自点"所设置的坐标点。

6）刀具路径：刀具路径投影到模型上，刀轴被模型定义。若刀轴设置为"自点"，则此时刀轴的轴线没有通过"自点"所设置的坐标点。

5. 常用的多轴策略

图 4-31 所示为投影精加工预览线框。

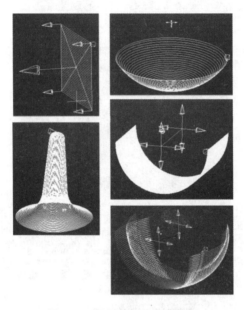

图 4-31　投影精加工预览线框

（1）点投影精加工　设定的投影原点，投影指定样式轨迹到模型某一区域产生刀具路径，如图 4-32 所示。

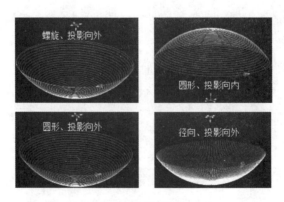

图 4-32　点投影精加工

如图 4-33 所示，先设定投影点坐标，参考线选择样式（"圆形""螺旋""径向"选项），根据模型特征选择投影方向"向外"或者"向内"选项。

1）参考线的限界：通过参考线设置来生成预览线框（图4-33）。

2）方位角：在XOY平面上测量的角度，从X轴开始计算。

3）仰角：即线框每个点通过投影点连线与XOY平面所成的角度。螺旋样式只有仰角。

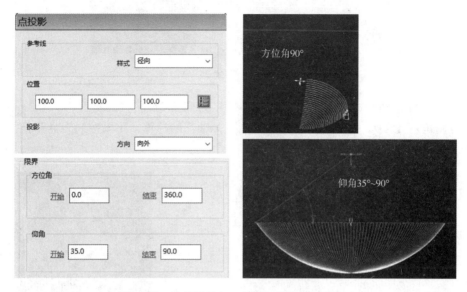

图4-33 点投影精加工设置及预览线框显示

（2）直线投影精加工 将直线光源向外放射或光源汇集成一直线到模型上以产生刀具路径（图4-34）。

图4-34 直线投影精加工设置

1）参考线：选择样式（"圆形""螺旋""径向"选项）。

2）位置：直线通过的其中一个点坐标。

3）投影：根据模型特征选择投影方向"向外"或者"向内"。

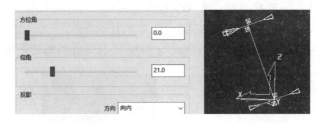

图 4-35　仰角 21°

4）仰角：与 Z 轴所成的角度，如图 4-35 所示为仰角 21°。

5）方位角：在 XOY 平面上测量的角度，从 X 轴开始计算，用来控制刀具路径方位范围（图 4-36）。

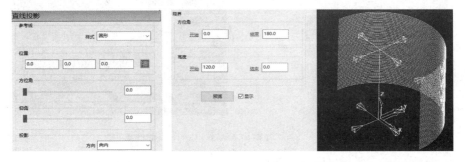

图 4-36　直线投影精加工方位角设置及预览线框显示

（3）曲线投影精加工　用定义的参考线作为曲线光源来生成曲线投影参考线，投影到模型上（图 4-37）。

1）曲线定义：选择样式（"圆形""螺旋""线性"选项）。

2）投影：根据模型特征选择投影方向"向外"或者"向内"。

图 4-37　曲线投影精加工设置和预览线框显示

3）方位角：在 XOY 平面上测量的角度，从 X 轴开始计算，用来控制刀具路径方位范围（图 4-38）。

4）参考线限界：以曲线长度为单位 1，通过设定开始结束从而限制刀具路径范围。

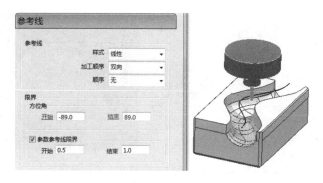

图 4-38 曲线投影精加工方位角设置

（4）平面投影精加工 由一张平面光源照射形成参考线，投影到模型上（图 4-39）。

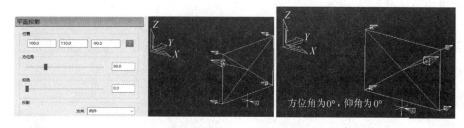

图 4-39 平面投影精加工设置及预览线框显示

1）位置：确定投影平面的位置。

2）方位角：确定投影平面绕 Z 轴旋转的角度。

3）仰角：确定投影平面绕 Y 轴旋转的角度。

4）投影：根据模型特征选择投影方向"向外"或者"向内"。

5）参考线方向：确定参考线方向从而改变刀具路径样式（图 4-40）。

6）限界：确定投影平面的高度和宽度（图 4-40）。

图 4-40 平面投影精加工参考线和限界设置

（5）曲面投影精加工 由一张曲面光源照射形成参考线，投影到模型上（图 4-41）。

1）曲面单位：描述行距和加工范围的定义方式。

① 参数：行距和加工范围由曲面的内部网格参数决定。

② 距离：用于确定行距和限界的物理距离。第一条路径和最后一条路径位于曲面边缘。中间路径位于小于或等于指定行距的距离处。

2）光顺公差：样条曲线沿曲面参考线的公差。

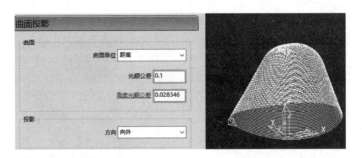

图 4-41　曲面投影精加工设置及预览线框显示

3）角度光顺公差：样条曲线的曲面法向角度公差必须匹配曲面参考线的曲面法向角度公差。

6. 常用的刀轴设置

（1）刀轴限界设置　虽然刀轴设置好了，但是每种机床的主轴摆动都有极限角度，超过极限角度机床就会超程，走不出来，所以在生成刀具路径前要考虑机床的刀轴限界（图 4-42）。

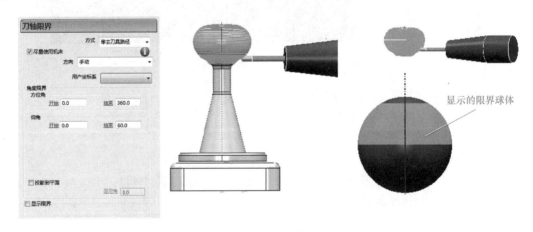

图 4-42　刀轴限界设置及其实际刀轴摆动角度

1）方式：定义机床主轴运动到极限角度时对刀具路径的处理方式，包括移去刀具路径和移动刀轴。

2）用户坐标系：定义测量旋转角度的坐标系，一般选择"世界坐标系"选项。

3）角度限界：定义机床的旋转极限角度。

① 方位角：在 XOY 平面上测量的角度，从 X 轴开始计算。

② 仰角：即 90°-刀轴与 Z 轴所成的角度，从 XOY 平面开始计算，机床定义的仰角以 OZ 为基准，而软件定义以 XOY 面为基准，注意区别。

4）投影到平面：该复选按钮相当于仰角为"0"，会生成四轴刀具路径。

5）显示限界：显示当前选项的刀轴限界球体，绿色表示允许运动范围。

（2）碰撞避让　刀轴、刀轴限界设置好后，刀具路径在指定的机床走得出来了，但不能保证刀具路径能全部生成出来，即使生成出来，也无法保证在机床上的安全问题，所以在计算刀具路径之前需要设置碰撞避让，生成出安全的刀具路径（图 4-43），图 4-44 所示为"碰撞避让"对话框。

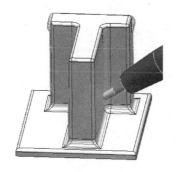

图 4-43 设置碰撞避让

图 4-44 "碰撞避让"对话框

碰撞避让的参数定义如下：

1）倾斜方法：为了避让碰撞指定一种刀轴倾斜方法。

① 前倾：通过前倾刀轴避让碰撞。

② 侧倾：通过侧倾刀轴避让碰撞。

③ 先前倾后侧倾：优先前倾避让碰撞，后再侧倾避让碰撞。

④ 先侧倾后前倾：优先侧倾避让碰撞，后再前倾避让碰撞。

⑤ 指定方向：使用一个新的指定刀轴指向避让碰撞。

2）夹持间隙：避免碰撞的刀具夹持间隙。

3）刀柄间隙：刀具碰撞检测允许的最小间隙。

4）光顺距离：刀轴由前一刻指向状态过渡到新的刀轴指向状态的距离。距离越长，刀轴改变会越平稳。

（3）刀轴光顺 刀轴、刀轴限界设置好后，刀具路径也能在机床上安全加工了，但还缺乏考虑刀轴摆动过大的问题（图 4-45），因此需要进行刀轴光顺设置（图 4-46）。

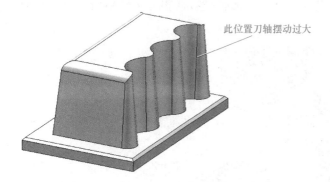

图 4-45 刀轴摆动过大

图 4-46 刀轴光顺设置

光顺的参数定义如下：

1）仰角：定义刀轴仰角光顺过渡方式，包括四个选项。

① 无：不进行仰角光顺过渡。

② 光顺：刀轴在光顺距离范围内进行仰角光顺过渡。

③ 曲面上的阶梯：刀轴改变到最大角度修正值，形成角度常量的"台阶"，为避免刀轴急剧变化，在各角度"台阶"之间生成光顺过渡。

④ 连续阶梯：刀轴改变到最大角度修正值，形成角度常量的"台阶"，在"台阶"处分割刀具路径，提刀插入刀具路径连接段，保持刀轴角度不变。

2）方位角：定义刀轴方位角光顺过渡方式，同样包括无、光顺、曲面上的阶梯和连续阶梯四个选项。

3）最大角度修正：用于光顺方位角和仰角的最大角度。

4）光顺距离：刀轴由前一刻指向状态过渡到新的刀轴指向状态的距离。距离越长，刀轴改变会越平稳。

（4）加工轴控制 主轴头是有形状的，一般不对称，当伸出比较多时就会干涉工件，这样就需要通过程序固定主轴在某个角度，即通过加工轴控制来实现（图 4-47）。

1）方向矢量：定义刀轴指向固定在某个角度。包括三个选项。

① 自由：不固定刀轴指向。

② 行程方向：刀轴指向由刀具路径的铣削方向决定。

图 4-47 加工轴控制设置

③ 固定方向：刀轴指向固定在特定的方位角、仰角上。

2）偏置角：改变刀轴指向的角度，用于确定指向五轴机床的两个旋转轴方向。

3）光顺方向矢量（选择"方向矢量"→"行程方向"选项时出现此复选按钮）：在曲面形状发生急剧变化时，刀轴指向会发生急剧改变，可单击该按钮光顺刀轴指向。

7. 常用的五轴模块

（1）弯管加工模块 PowerMill 针对发动机等的弯形管件有从粗加工到精加工的一套加工方案（图 4-48）。

图 4-48 弯管加工模块

（2）整体叶盘加工模块（图 4-49） 叶盘区域清除模型的"刀轴仰角"对话框如图 4-50

所示。各选项定义如下：

图 4-49　整体叶盘加工

图 4-50　"刀轴仰角"对话框

1）径向矢量：定义刀轴垂直于 Z 轴。

2）轮毂法线：定义刀轴垂直于轮毂曲面，此时刀轴仰角会连续变化。

3）套法线：定义刀轴垂直于包裹曲面，此时刀轴仰角会连续变化。

4）偏置法线：定义刀轴垂直于当前的刀具路径。

5）平均轮毂法线：平均轮毂法线定义的刀轴仰角是选择"轮毂法线"选项时的平均角度。

6）平均套法线：平均套法线定义的刀轴仰角是选择"套法线"选项时的平均角度。

7）平均偏置法线：平均偏置法线定义的刀轴仰角是选择"偏置法线"选项时的平均角度。

三、螺旋桨数控编程案例演示

通过螺旋桨（图 4-51）的精加工来掌握五轴策略及其刀轴的使用和参数设置。本案例具体通过精光平面、头部及其清角和精光叶片来演示五轴编程的操作过程。

1. 精光平面、头部及其清角

精光平面、头部及其清角可以直接采用三轴策略，在实际应用中无须用五轴策略，为了演示效果，我们在头部用一下点投影精加工策略。

（1）精光平面　操作步骤如下：

1）建立坐标系 1。选择"毛坯定位用户坐标系"选项来创

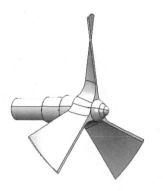

图 4-51　螺旋桨

建如图 4-52 所示的坐标系"1",坐标系"1"在底部圆轴段的端面中心。

2）创建毛坯。全选螺旋桨叶片、包括叶片上的平面以及螺旋桨顶部圆弧曲面,单击主工具栏上的"毛坯"按钮,按如图 4-53a 所示的对话框设置毛坯参数,单击"计算"按钮,最后单击"接受"按钮,得到如图 4-53b 所示的毛坯。

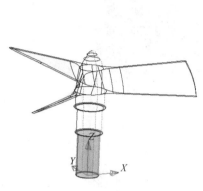

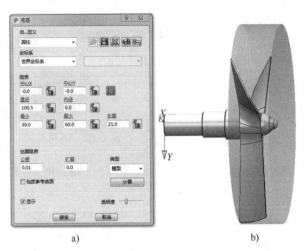

a)　　　　　　　　　　　　b)

图 4-52　创建坐标系　　　　　　　　　　　　　　图 4-53　创建毛坯

3）选取策略。选取"等高切面区域清除"策略。

4）生成刀具路径。在"等高切面区域清除"对话框中进行参数设置（图 4-54 和图 4-55）。

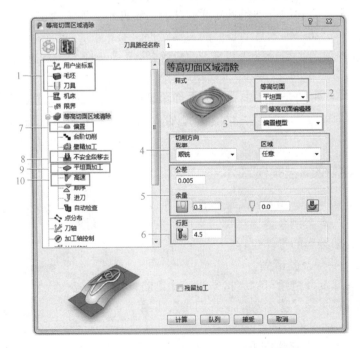

图 4-54　"等高切面区域清除"对话框设置参数 1

① 用户坐标系：选择坐标系"1"；毛坯：前面已经创建；刀具：选择"E10-H40（7）-T5"。

② 等高切面："平坦面"。

③ 样式：选择"偏置模型"选项。

④ 轮廓："顺铣"；区域："任意"。

⑤ 公差："0.005"。径向余量："0.3"；轴向余量："0.0"。

⑥ 行距："4.5"。

⑦ 高级偏置设置："移去残留高度"。

⑧ 不安全段移去：勾选"移去小于分界值的段"复选框；分界值："0.8"；勾选"仅移去闭合区域段"复选框。

⑨ 勾选"多重切削"复选框；切削次数："1"；下切步距："0.1"。

⑩ 轮廓光顺半径："0.06"；赛车线光顺："16"。

⑪ 快进间隙："10"；下切间隙："5"；单击"计算"按钮。

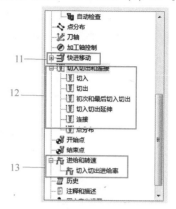

图 4-55 "等高切面区域清除"对话框设置参数 2

⑫ 切入：第一选择"斜向"，沿着"圆"，最大左倾角"2"，斜向高度"0.3"；切出：第一选择"水平圆弧"，线性移动"0"，角度"45"，半径"0.5"；连接：第一选择"圆形圆弧"，应用约束距离"10.0"。

⑬ 主轴转速："4000"；切削进给率："1000"；下切进给率："500"。

完成以上操作后，单击"计算"按钮，得到如图 4-56 所示的刀具路径。

（2）精光头部

1）创建毛坯。选取如图 4-57 所示的部位，单击主工具栏上的"毛坯"按钮，在"由…定义"下拉列表框中选择"圆柱"选项，单击"计算"按钮，最后单击"接受"按钮，得到如图 4-58 所示的毛坯。

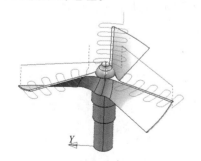

图 4-56 等高切面区域清除刀具路径

图 4-57 选取头部曲面

2）选取策略。选取"点投影精加工"策略。

3）生成刀具路径。在"点投影精加工"对话框中进行参数设置（图 4-59）。

① 用户坐标系：选择坐标系"1"；毛坯：前面已经创建；刀具：选择"B4-L8-H20（7）-T7"。

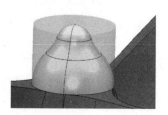

图 4-58 创建好的毛坯

② 公差、余量及角度增量按图 4-59 所示设置。

③ 参考线：样式"螺旋"；方向"向内"；限界仰角开始"4.0"，结束"90.0"。

④ 刀轴设置如图 4-60 所示。

⑤ 快进间隙："10"；下切间隙："5"；单击"计算"按钮。切入、切出第一选择"水平圆弧"；连接第一选择"掠过"。

⑥ 主轴转速："20000"；切削进给率："3800"。

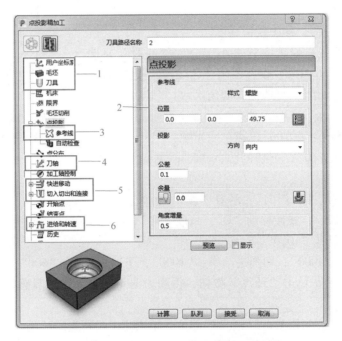

图 4-59 "点投影精加工"对话框设置参数

单击"计算"按钮，通过修剪刀具路径，生成如图 4-61 所示的刀具路径。

图 4-60 刀轴设置

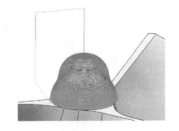

图 4-61 生成的点投影精加工刀具路径

（3）头部清角

1）创建毛坯。单击主工具栏上的"毛坯"按钮，弹出的"毛坯"对话框中的参数设置按如图 4-62 所示修改。

2）选取策略。选取"等高精加工"策略。

3）生成刀具路径。在"等高精加工"对话框中进行参数设置（图 4-63）。

① 用户坐标系：选择坐标系"1"；毛坯：前面已经创建；刀具：选择"E10-H40-T1"。

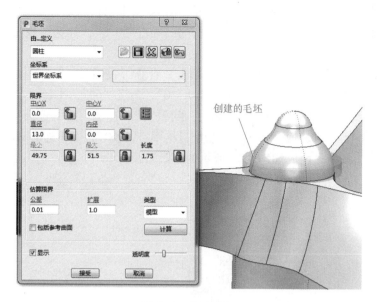

图 4-62　创建毛坯

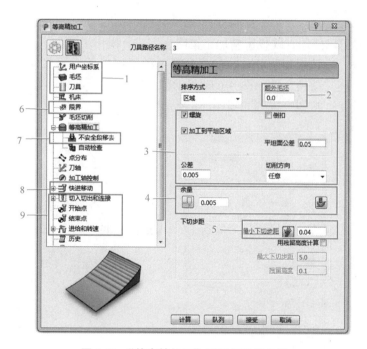

图 4-63　"等高精加工"对话框设置参数

② 额外毛坯："0.0"。

③ 勾选"螺旋"复选框；再勾选"加工到平坦区域"复选框；平坦面公差："0.05"；公差："0.005"；切削方向："任意"。

④ 余量："0.005"。

⑤ 最小下切步距："0.04"。

⑥ 选择"限界"选项；毛坯："允许刀具中心在毛坯之外"。

⑦ 勾选"移去小于分界值的段"复选框；分界值："0.8"；勾选"仅移去闭合区域段"复选框。

⑧ 快进间隙："10"；下切间隙："5"；单击"计算"按钮。

⑨ 切入：第一选择"水平圆弧"，线性移动"0"，角度"60"，半径"1"；切出：第一选择"水平圆弧"，线性移动"0"，角度"60"，半径"1"；连接：第一选择"圆形圆弧"，应用约束距离"10.0"；主轴转速："5200"；切削进给率："1900"；下切进给率："950"。

单击"计算"按钮，生成如图 4-64 所示的刀具路径。

图 4-64　等高精加工清角刀具路径

2. 精光叶片

对于精光叶片可以使用直线投影精加工策略来完成。操作步骤如下。

（1）创建毛坯　全选螺旋桨叶片、包括叶片上的平面以及螺旋桨顶部圆弧曲面，单击主工具栏上的"毛坯"按钮，按如图 4-65a 所示的对话框设置毛坯参数，单击"计算"按钮，最后单击"接受"按钮，得到如图 4-65b 所示的毛坯。

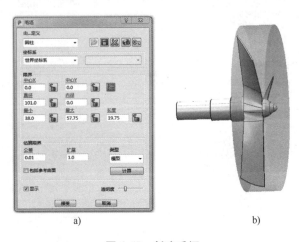

a)　　　　　　　　　　　　　　　　　b)

图 4-65　创建毛坯

（2）创建辅助面　考虑到此叶片的刀具路径不好生成，可以用直线投影精加工或者螺旋精加工，但刀具路径若覆盖所有叶片，则会有多余的刀具路径，如果不做辅助面刀具路径，就会延伸到模型的其他部位。因此可以使用 UG 的"延伸片体"功能或者 PowerMill Shape 的"曲面延伸"功能（〈Ctrl+X〉组合键）来创建辅助面，将叶片的面全部上下延伸 6mm，得出如图 4-66 所示的辅助面，将其导入 PowerMill 中，如图 4-67 所示。

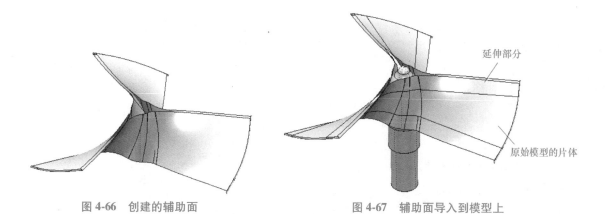

图 4-66 创建的辅助面   图 4-67 辅助面导入到模型上

（3）选取策略 选取"直线投影精加工"策略（图 4-68）。

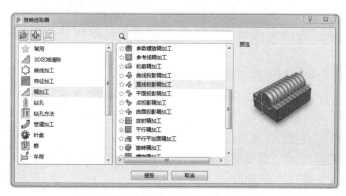

图 4-68 选取直线投影精加工策略

（4）生成刀具路径 在"直线投影精加工"对话框中进行参数设置（图 4-69 以及图 4-70）。

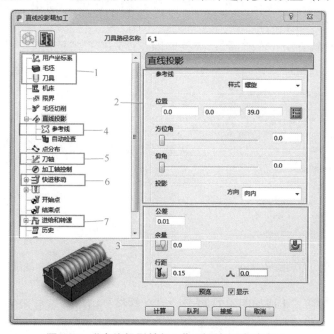

图 4-69 "直线投影精加工"对话框设置参数 1

图 4-70 "直线投影精加工"对话框设置参数 2

1）用户坐标系：选择坐标系"1"；毛坯：前面已经创建；刀具：选择"B10-L25-H45"。

2）位置、方位角和仰角按图 4-69 所示进行设置。

3）公差："0.01"，余量："0.0"，行距："0.15"，残留高度："0.0"。

4）参考线：样式"螺旋"；方向"内向"；限界高度开始"-5"，结束"15"。

5）刀轴："朝向直线"；点（0，0，0）；方向（0，0，1）；方式："PowerMill 2012 R2"；勾选"刀轴限界"和"自动碰撞避让"复选框，如图 4-70 所示，在刀轴的下方就有"刀轴限界"和"碰撞避让"的选项。

6）快进间隙："10"；下切间隙："5"；单击"计算"按钮。

7）主轴转速："9500"；切削进给率："3500"。

8）刀轴限界方式："移动刀轴"；方位角开始"0.0"，结束"360.0"；仰角开始"0.0"，结束"90.0"（图 4-71）。

9）碰撞避让倾斜方法："前倾"；夹持间隙："5.0"；刀柄间隙："5.0"；光顺距离："20.0"（图 4-72）。

图 4-71 刀轴限界

图 4-72 碰撞避让

单击"计算"按钮，生成如图 4-73 所示的刀具路径，用接触点显示的刀具路径如图 4-74 所示。

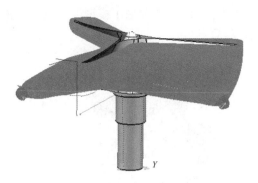

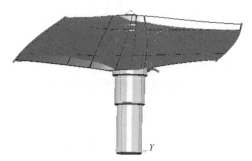

图 4-73　直线投影精加工刀具路径　　　　　图 4-74　接触点显示的刀具路径

四、实战训练

训练 1：点投影精加工练习。选择刀轴的"自点"选项产生一条点投影精加工刀具路径来加工中间的凹槽（图 4-75），并进行碰撞检查，参考前面对应的知识点图示设置参数。

训练 2：直线投影精加工练习。选择刀轴的"侧倾"选项（角度为-30°）产生一条直线投影精加工刀具路径，并进行碰撞检查（图 4-76），参考前面对应的知识点图示设置参数。

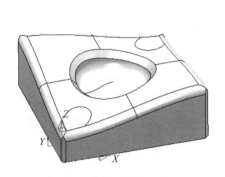

图 4-75　点投影精加工练习　　　　　　　　图 4-76　直线投影精加工练习

训练 3：曲线投影精加工练习。选择刀轴的"自曲线"选项产生一条曲线投影精加工刀具路径，并进行碰撞检查（图 4-77），参考前面对应的知识点图示设置参数。

图 4-77　曲线投影精加工练习

训练4：平面投影精加工练习。选择刀轴的"固定方向"选项加工模型倒扣位，并进行碰撞检查（图4-78），参考前面对应的知识点图示设置参数。

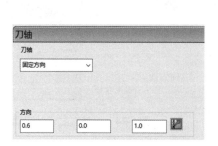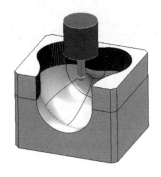

图4-78 平面投影精加工练习

训练5：刀轴限界练习。参考前面对应的知识点图示设置编程参数，刀轴的前倾和侧倾都是零进行加工（前倾和侧倾都是零表示刀轴指向只与刀轴方式有关），注意只对工件头部进行编程并进行碰撞检查（图4-79）。

图4-79 刀轴限界练习

训练6：碰撞避让练习。使用等高精加工策略以及碰撞避让的设置加工陡峭面（图4-80），刀轴选择"垂直"选项即可，并进行碰撞检查，注意参考前面对应的知识点图示设置参数。

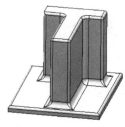

图4-80 碰撞避让练习

训练 7： 刀轴光顺练习。刀轴及光顺按如图 4-81 所示参数设置并用笔式清角精加工右图零件的根部，并进行碰撞检查，参考前面对应的知识点图示设置参数。

图 4-81 刀轴光顺练习

五、思考题

1）PowerMill 多轴数控加工编程有哪些刀轴的控制方法？

2）如何通过调整参数来减小刀轴摆动？

六、分组讨论和评价

（1）分组讨论 5~6 人一组，探讨训练 1~训练 7 的最佳解决方案，并进行成果讲解；班级评出最佳解决方案和讲解（考核参考）。

（2）评价（自评和互评） 请根据任务概要进行自评和互评。

05

项目五
>>>>> 五轴机床操作及加工与实战训练

任务概要

任务目标： 深入了解五轴机床操作流程，了解机床装夹方法，熟悉 VERICUT 仿真软件；掌握叶轮的 VERICUT 机床仿真模拟以及真实上机操作，能够独立调取程序及启动加工。

掌握程度： 掌握五轴机床操作流程和零件上机操作，会使用 VERICUT 软件。

主要教学任务： 介绍五轴机床参数、刀具安装、工件装夹及启动加工等。

条件配置： 海德汉 640 五轴加工中心、刀具、分中器、叶轮毛坯、遥控器毛坯、VERICUT 软件等。

训练任务： 五轴叶轮的仿真及上机操作。

项目任务书：

任务名称	五轴叶轮的仿真及上机操作
任务要求	加工出叶轮
任务设定	1. 毛坯图：无 2. 零件图：航空叶轮 3. 毛坯材料和技术要求：铝件
预期成果	阶段完成任务：在操作师傅的指引下完成叶轮的上机操作，正确完成五轴机床加工，完成 VERICUT 软件仿真

单元1　VERICUT 数控仿真模拟与实战训练

一、单元知识

1. VERICUT 简介

VERICUT 是一款专为制造业设计的数控机床加工仿真和优化软件。VERICUT 取代了传统的切削实验部件方式，通过模拟整个机床加工过程和校准加工程序的准确性，来帮助用户清除编程错误和改进切削效率。VERICUT 是仿真加工软件，可以模拟 G 代码程序，包括子程序、宏程序、循环、跳转、变量等；VERICUT 软件也能仿真机床加工，进行碰撞检查，仿真后能对切削模型进行尺寸分析，还能对切削速度进行优化，输出仿真结果模型以及生成工艺文件报表。

打开 VERICUT 应用程序后的软件界面如图 5-1 所示。

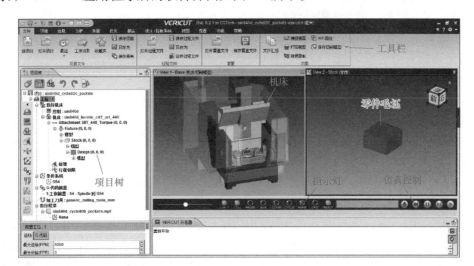

图 5-1　VERICUT 软件界面

2. 在加工前应用 VERICUT 软件仿真的重要性

机床碰撞是很严重的事故，所有的工程技术人员或 CNC 编程人员，都应该意识到这一点，避免数控机床发生碰撞。首先要做到的就是正确设计工艺加工方案，正确无误地编制数控加工程序，并做到认真复查、仔细校对，除此之外，还需要借助一些软件来模拟机床运动，检查碰撞。随着机床的复杂化、智能化和机械加工的自动化，对于一些复杂的零件仅仅靠 NC 编程已经不能完成零件的机械加工，机床的仿真模拟就像设计工艺方案、编写数控加工程序一样，在零件的加工过程中已经扮演越来越重要的角色，机床的仿真模拟、避免机床碰撞已经是机械加工中不可或缺的一部分。

利用仿真加工，可以消除程序中的错误，如切伤工件、损坏夹具、折断刀具或碰撞机床；可以减少机床的加工时间和实际的切削验证时间，减少废品和重复工作；可以大幅度提高加工效率，改善加工质量，降低生产成本，对现代制造业的发展具有重要意义。数控仿真软件可以解决以下问题：

1）验证数控程序的正确性，减少零件首件调试风险，增加程序的可信度。

2）模拟数控机床的实际运动，检查潜在的碰撞错误，降低机床碰撞的风险。

3. VERICUT 使用概述

在实际的零件加工中，最基本的要素有机床（Machine）、夹具（Fixture）、零件（Parts）、毛坯（Stock）、刀具（Tools）和 NC 代码（Code）。在虚拟的环境中，要进行 NC 程序的验证、机床的模拟和 NC 程序的优化，也必须具备这些最基本的要素，并且如果要非常精确地验证程序、模拟机床运动、检查机床碰撞的话，机床、刀具、夹具、毛坯和零件的模型就要求比较精确，如何在 VERICUT 里建立这些模型在后面的内容中再详细叙述。我们先要了解一下，要完成一个零件加工过程的仿真和模拟，需要完成以下内容：

1）建立机床模型，并定义好机床的各个运动副。

2）建立刀具模型，并对应好相应的刀号。

3）建立夹具模型，并将其装配到机床上正确的位置。

4）建立毛坯、零件的模型，并将其装配到夹具上正确的位置。

5）在编程软件上生成 NC 程序代码，将其导入到 VERICUT。

6）设置好加工坐标系，使之与编程坐标系一致。

完成上述所有内容以后就可以进行程序验证、机床模拟和程序优化了。

4. VERICUT 使用的文件格式

VERICUT 作为一款软件，它也有自己的文件格式，主要有以下几种：

1）.vcproject 项目文件。

2）.mch 机床文件（X、Y、Z、A、B、C 的配置，夹具、零件、毛坯及轴下的模型路径加载等）。

3）.ctl 机床数控系统文件（例如：fanuc siemens heidenhain）。

4）.tls 刀具文件（定义加工刀具）。

在这里要说明一点，当我们在使用 VERICUT 时，一般情况下不要使用"Save all"，而是使用"Save Project"，因为我们如果使用"Save all"的话，那么所有的项目文件都会保存当前做过的更改，然而实际情况是我们只需要保存当前的项目文件。VERICUT 使用的模型文件主要是".stl"格式的文件，所以如果要从其他的模型转换过来的话，一般是先将其他格式的文件转换为".stl"格式的文件。

5. 如何建立 VERICUT 仿真机床

VERICUT 所能使用的模型文件为".stl"格式的文件，不过 VT7.0 以后的版本可以使用".prt"格式的文件了。建立机床模型有三种方法，介绍如下：

1）在 VERICUT 软件中直接创建，这种方法不在这里陈述。

2）导入模型，先借助其他的软件把机床模型建立装配好，然后再转换一下格式，导入到 VERICUT 里。具体方法是首先用 UG 或 CATIA 的建模模块按照 1：1 的比例建立好需要的机床零件，在建模的时候每一个模型都会有一个建模坐标系，这个建模坐标系不会继承到 VERICUT 的机床模型里；其次在 UG 或 CATIA 的装配模块里按照机床的实际位置将各个零件模型装配到一起；然后将零件模型导出为".stl"格式的文件；最后将".stl"格式的文件导入到 VERICUT 的组件中，各模型的位置会继承 UG 或 CATIA 里装配的位置，并且模型坐标系也继承装配坐标系。用这种建模方法建模速度比较快，不仅可以建立各种复杂的机床，还可以建立其他的模型，如汽车、飞机甚至是人体。

3）将前面两种建模方法结合起来建模的方法。这种方法在前面使用中是最多的，因为一般情况是先建立好机床模型，然后根据不同的加工零件，再建立零件、毛坯、夹具等。

比较这三种方法，它们各有优缺点。就建模速度来说，第二种最快，第三种次之，第一种最慢；就仿真速度来说，正好相反。用户要根据自己的实际情况和需要选用不同的建模方法。

二、案例演示

本案例通过五轴叶轮的程序导进 VERICUT 软件中进行仿真模拟，对程序安全性、超程进行检查。具体步骤如下：

1. 创建机床模型

在 VERICUT 中自带的仿真模型，可以在安装盘目录下的"samples"中查找，然后根据实际机床进行修改。在 UG 中创建机床模型，并将模型坐标建立在机床的旋转中心上，将创建好的模型按机床组件进行分类导出，图 5-2 中不同颜色的零件代表不同的组件类型，依次导出，格式为 ".stl"。

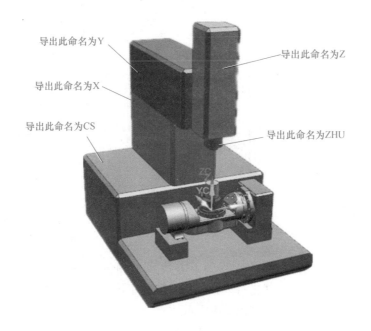

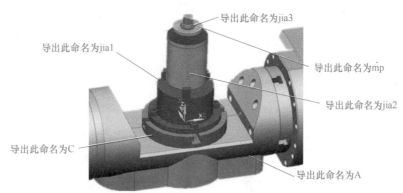

图 5-2　导出机床仿真模型组件的命名

2. VT 建立机床

打开 VERICUT8.2 软件，单击左上角 "新建项目"，命名新建项目名称。

单击主菜单栏上的 "配置" 按钮，选择下方的 "预设置" 选项，在弹出的对话框中下方的 "动态控制" 中选择 "PowerMill" 选项。

在项目树下方，单击 "显示机床组件" 按钮，选择下方的 "控制" 选项，打开控制系统，找到机床用的系统文件，如图 5-3 所示。

右击 "Base(0,0,0)" 选项，选择 "添加模型"→"模型文件" 选项，全部选择刚才导出的 ".stl" 格式的文件，如图 5-4 所示。

图 5-3　调取控制系统文件

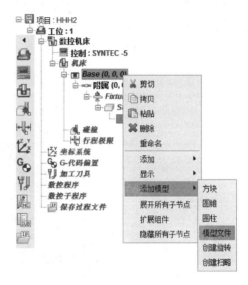

图 5-4　输入机床模型文件

在项目树上单击刚才导入的组件，在界面下方找到"颜色"，取消勾选"继承"复选框，选择一种颜色，依次对所有组件进行上色，而且颜色不同，这样就很好区分不同的组件类别，也更方便后面的操作和仿真，如图 5-5 所示。

根据机床特点，机床主轴是在 Z 运动组件上的，Z 运动组件是在 Y 运动组件上的，Y 运动组件是在 X 运动组件上的，夹具是在 C 运动组件上，而 C 运动组件是在 A 运动组件上。根据以上特点，在 VERICUT 上依次添加各运动副，如图 5-6 所示。

图 5-5　修改机床组件显示颜色

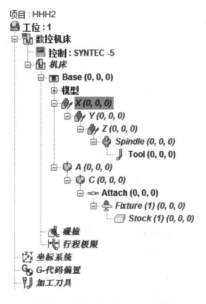

图 5-6　添加机床各运动副

右击项目树的"Base(0,0,0)"选项，选择"添加"→"X 线性"，然后右击"X(0,0,0)"

选项，选择"添加"→"Y线性"选项，然后右击"Y(0,0,0)"选项，选择"添加"→"Z线性"选项，右击"Z(0,0,0)"选项，选择"添加"→"主轴"选项，右击"Spindle(0,0,0)"选项，选择"添加"→"刀具"选项。

右击项目树的"Base(0,0,0)"选项，选择"添加"→"A旋转"选项，然后右击"A(0,0,0)"选项，选择"添加"→"C旋转"选项，然后右击"C(0,0,0)"选项，选择"添加"→"附属"选项，右击"Attach(0,0,0)"选项，选择"添加"→"夹具"选项，右击"Fixture（1）(0,0,0)"选项，选择"添加"→"毛坯"选项。

依次把上面的模型拖动到相对应的项目树选项下方，如图5-7和图5-8所示。

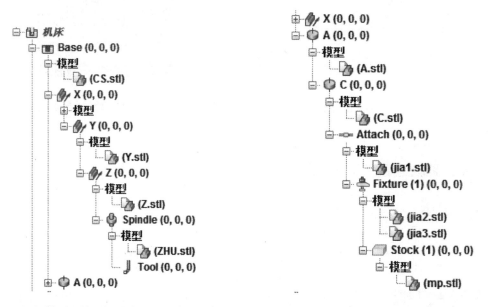

图5-7　添加模型组件到相对应项目树选项下方1　　图5-8　添加模型组件到相对应项目树选项下方2

设置机床碰撞检查：单击主菜单栏下的"机床/控制系统"按钮，单击"机床设定"按钮，单击"碰撞检查"选项卡，单击下方的"添加"按钮，在组件一上选择"Z"选项，组件二上选择"A"选项，勾选"次组件"复选框，就是只对Z线性下的组件和A旋转组件上的模型进行碰撞检查，检查间隙是2.5mm，如图5-9所示。

单击"行程极限"选项卡，行程极限的设置如图5-10所示。

如图5-11所示，单击左上角的"手工数据输入"按钮，拖动拖条，检查各运动副的运动方向是否跟机床一致。

3. 创建刀具

在项目树中选择"加工刀具"选项，在弹出的窗口中单击工具栏上的"铣刀"按钮，修改刀具信息，根据机床刀柄信息创建实际用的刀柄，通过工具栏上的"增加组件"按钮，可以添加多级刀柄，如图5-12所示创建直径4mm的球头铣刀。

创建好刀具后要单击工具栏上的"自动装夹"和"自动对刀点"按钮，这样两个光标就在刀具两端（图5-12），依次创建所用的刀具，并保存在刀库，方便下次再调取使用。

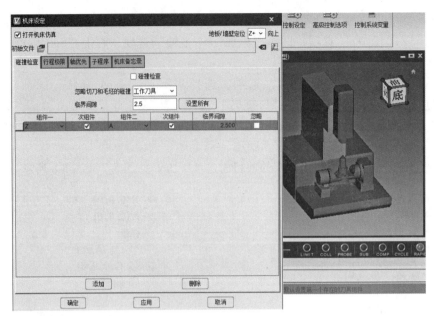

图 5-9　设置机床碰撞检查

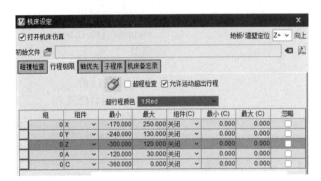

图 5-10　行程极限的设置

图 5-11　手工数据输入

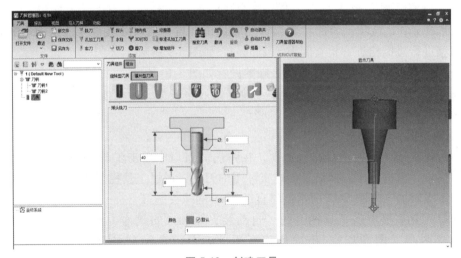

图 5-12　创建刀具

　　调用保存好的刀具：单击左上方的"手工数据输入"按钮，在弹出的对话框的"单行程序"文本框中输入"M06T1"，如图 5-13 所示，按〈Enter〉键，此时刀具在旋转轴中心上，通过隐藏 A 轴组件继承的各组件，可以看到刀具，如图 5-14 所示。

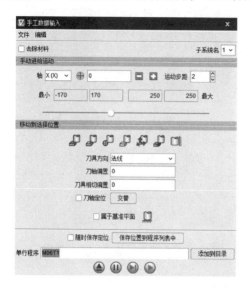

图 5-13　调取 1 号刀具

图 5-14　调取的刀具显示

　　此时需要将刀具移动到主轴端面上。选择项目树下的"Tool(0,0,0)"选项，在"从✎"下拉列表框中选择"顶点"选项，在刀具端面查找中心点并单击，然后在"到✎"下拉列表框中选择"顶点"选项，在主轴端面中心点上单击。最后单击"移动"按钮，就可以看到刀具在主轴上并同心，如图 5-15 所示。

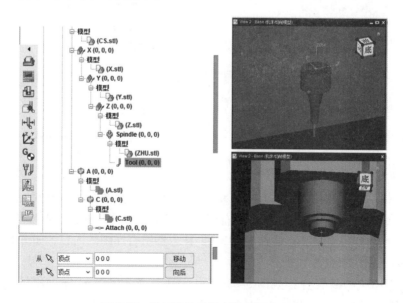

图 5-15　把刀具移动到主轴端面中心上

4. VT 的 G 代码偏置

在项目树下右击"坐标系统"选项，选择"添加新的坐标系"选项，如图 5-16 所示，下方产生一个新的坐标系，并右击该坐标系，选择"重命名"选项，更改为"G54"。

在项目树下选择"G-代码偏置"选项，选择下方的"配置 G-代码偏置"选项，"偏置"下拉列表框中选择"工作偏置"选项，在寄存器文本框中输入"1"，坐标系选择"G54"，最后单击最下方的"添加"按钮，如图 5-17 所示。

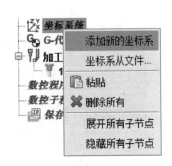

图 5-16　添加新的坐标系　　　　　图 5-17　修改"G-代码偏置"

在项目树下单击刚产生的"G54"坐标，在下方的配置坐标系 G54 中，单击"移动"按钮，在下方的位置上，将坐标系移动到 NC 程序输出的坐标位置，如图 5-18 所示。

选择"工作偏置"选项，在下方选择"组件"→"Tool"选项，如图 5-19 所示。这样就完成了代码偏置。

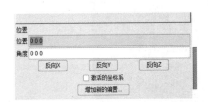

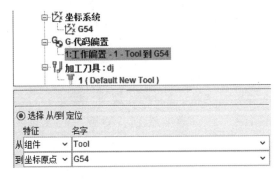

图 5-18　移动 G54 坐标系到程序坐标上　　　　　图 5-19　代码偏置

5. 程序仿真

右击项目树下的"数控程序"选项，单击"添加数控程序文件"按钮，调取 PowerMill 生成的 NC 文件。然后单击仿真控制上最右端的"仿真到末端"按钮，在视图窗口中可以看到机床仿真过程。如果有报警，会在 VERICUT 日志器里有详细的内容，如图 5-20 所示。

最终仿真完成，如图 5-21 所示。

保存 VERICUT 项目文件：如图 5-22 所示，单击"文件"→"保存项目"按钮，再单击"保存所有"按钮，最后单击右边的"文件汇总"按钮，保存到指定位置并命名项目名称。

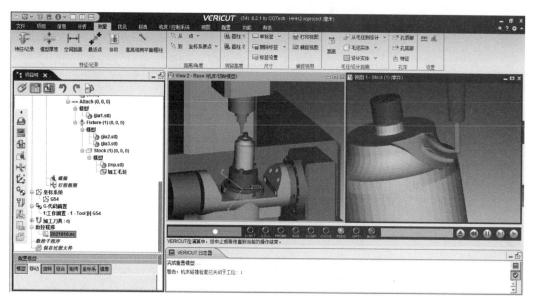

图 5-20　仿真过程

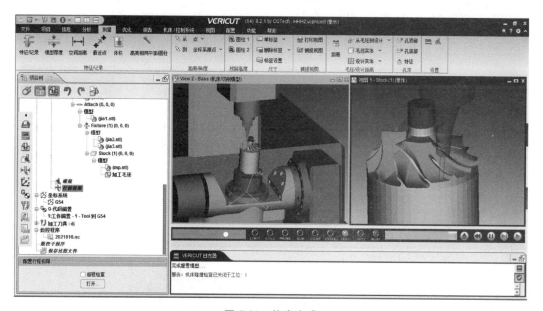

图 5-21　仿真完成

图 5-22　保存 VERICUT 项目文件

三、实战训练

训练： 独立进行五轴叶轮的 VERICUT 仿真练习，按案例演示操作。

四、思考题

1）五轴机床与三轴机床的区别有哪些？在加工编程上应该注意什么问题？

2）VERICUT 仿真具体需要设置哪些参数？

五、分组讨论和评价

（1）分组讨论　5~6 人一组，探讨训练的最佳解决方案，并进行成果讲解；班级评出最佳解决方案和讲解（考核参考）。

（2）评价（自评和互评）　请根据任务概要进行自评和互评。

单元 2　**五轴叶轮上机操作与实战训练**

一、开机以及工装夹具的固定

1）将电柜总闸打开并起动气泵，给机床通电并且开机，按下电源键等待出现电源管理报警，随后按下 CE 键并等待，出现急停测试后按下白色电源键，开机完成，如图 5-23 所示。

起动气泵，等达到一定的气压后打开总闸

按下系统面板上的POWER(ON)
绿色按钮，系统将进入启动状态

等待机床显示面板出现电源管理
报警，再按下面板上的CE键(即
机床的复位键)

等待机床通电完成，机床显示面板出现急停测试后，
将急停打开(手轮急停以及面板急停都要打开)，随后
按下面板上的白色电源键

图 5-23　开机流程

2）将进给旋钮拧到 0，按下 NC 启动键让刀库回零，随后进入 MDI 模式找到 M44（A）、M45（C）这两条指令并运行（按 NC 启动键关闭 *AC* 轴制动，如图 5-24 所示）。

3）使用螺杆以及梯形块和螺母将夹具固定到机床的工作平面上。随后将垫高圆柱放到单动卡盘上并夹紧以固定工件。

4）使用螺杆以及螺母将工件固定到垫高圆柱上即可（图 5-25）。

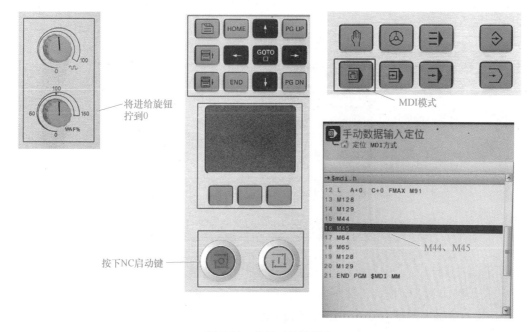

图 5-24　关闭 AC 轴制动

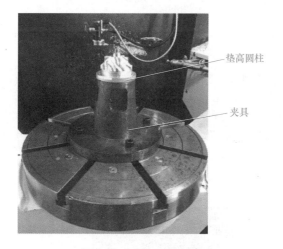

图 5-25　叶轮工装夹具

二、备刀

1）首先将需要的刀具和刀柄准备好。使用的刀具分别有 D16、D12 立铣刀以及 R3、R1、R0.5、R2 球头刀。该工件所使用的刀柄均是希普思 HSK63A 系列刀柄。首先将刀柄放在夹持器上，使用装刀扳手将刀柄夹头拧下来，随后将适合的弹簧夹套与刀柄夹头装好。按照程序单上的刀具装夹长度将刀具装好。

2）将需要的刀具装好后，按照程序的刀号——装到机床刀具库上。进入 MDI 模式，选择换刀程序 TOOL CALL 换到需要的刀号（手动输入该刀号，需要与 NC 程序的刀号一致，如图 5-26 所示)。

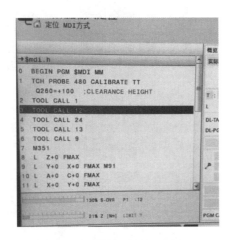

图 5-26　找到 TOOL CALL

3) 进入机床的手动模式, 按下需要的打刀模式键 (图 5-27), 此时机床面板提示请松开刀具。按下主轴上的打刀键 (主轴头侧边的绿色键, 如图 5-28 所示) 后主轴松开刀具。

4) 将 NC 刀号对应的刀具装上。装上后再次按下打刀模式键完成装刀。调用刀具: MDI 模式里输入 "TOOL CALL+刀号", 按下确认键再按下 NC 启动键即可, 同样刷新刀具信息也是如此。

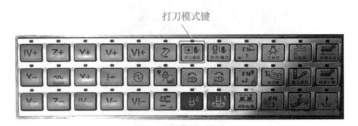

图 5-27　打刀模式键

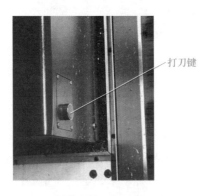

图 5-28　打刀键

5) 使用钢直尺测量刀具总长度 (注: 该测量位置从主轴端面测量至刀具的刀尖位置, 如图 5-29 所示), 将测量的长度加上 3~5mm (对刀缓冲) 输入到刀具库中对应的刀具长度中（单击界面右下方的"刀具表"按钮进入刀具库，如图 5-30 所示，打开编辑并找到对应的刀号，将测量值输入到刀具长度中），再次进入 MDI 模式，找到 M351 代码后按下 NC 启动键，即可使用对刀仪进行对刀（注：每一把刀具都是同样的步骤，每一把刀具的刀号必须与 NC 程序的刀号一致）。

图 5-29　测量刀具总长度

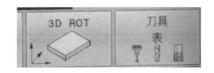

图 5-30　刀具表

三、分中

1）进入 MDI 模式调出 24 号刀（24 号刀是探头）。然后进入手动模式或者手轮模式按下探测功能（图 5-31）。由于工件是圆柱体，所以使用圆柱分中，即按下 CC 键（注：CC 即是对圆柱分中）。按下 CC 键后会看到如图 5-32 所示的界面，根据需要按下第 3 个键，随后会看到外径（内径）以及安全距离、增加间隔高度、探测点数、起始角度、总角度。其中外径（内径）即是工件的直径（孔径），测量并输入即可。安全距离指的是探针探测到工件后回退的距离（合理即可，一般为"25"）。增加间隔高度即是探测完一个点退回后所抬起的高度（一般设置为"50"）。探测点数即是需要探测的点数（一般为 4 个，最多为 8 个）。起始角度根据方向来决定。总角度无须更改，机床默认为 360°，除非是特殊情况需要更改。输入完所有的数据后手动移至指定的位置选好方向即可按下 NC 启动键，等待屏幕显示出测量数据后，输入所需要键入的预设表的表号，按下预设表键即可。

图 5-31　探测功能

图 5-32　选择 CC 探测功能

2）再进入探测功能，按下 POS 键进行 Z 轴原点探测（POS 为单边分中，将工件坐标原点放在工件的某一个角上时即可使用单边分中）。选择"Z-"键（图 5-33），先将探头手动移至工件的一面，选好方向按下 NC 启动键，等待屏幕显示出测量结果，输入需要键入的预设表的表号，按下预设表键即可完成 Z 坐标的创建。

图 5-33 选择 "Z-" 键

四、程序复制及调用

1）使用编程软件生成 NC 程序，然后复制到 U 盘中。将 U 盘插入机床的 USB 接口，然后按下机床面板上的编辑键 ⟐ 和 PGM 键 [PGM MGT] 进入编辑界面。使用上下键以及〈Shift〉键选中需要复制的程序，随后按下复制键（图 5-34）将光标移至 TNC 目录里的 NC 文件夹，按下确定键即可。

2）进入自动模式，随后按下刚刚使用的 PGM 键，找到复制的程序，然后选择程序即调用完成（图 5-35），最后按下 NC 启动键运行程序（注：程序第一刀必须控制好进给，慢慢地下刀）。

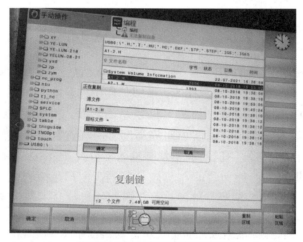

图 5-34 按下复制键复制程序

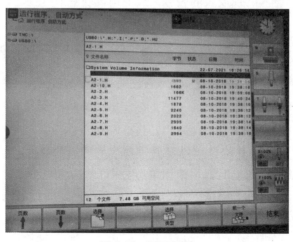

图 5-35 调用程序

五、程序单

叶轮程程序单见表 5-1。

表 5-1　叶轮程序单

（单位：mm）

项目名称：	叶轮		图样版本：			编程师：					日期：			
生产订单：			产品图号：			校对：					审核：			
零件名称：	叶轮													
材料高度：	25.6													

NC 原点：

X	X分中
Y	Y分中
Z	Z对顶为零

NC 路径：D：/A 加工/牛/叶轮/叶轮 AA/NC/

程序名称	加工方式	刀具					余量	时间/ (h：min：s)	实际时间	备注
		类型	直径	圆角	刀号	刀柄类型	长度			
A1	开粗	立铣刀	D16.0	R0	1	HSK83A-HCER32-100	50	0.5	00：03：06	
A2	开粗	立铣刀	D12.0	R0	2	HSK63A-HCER32-100	37	0.1	00：00：26	
A3	开粗	球头刀	D6.0	R3	3	HSK63A-ER16-150	25	0	00：05：38	
A4	开粗	球头刀	D6.0	R3	3	HSK63A-ER16-150	25		00：09：46	
A5	开粗	球头刀	D4.0	R2	8	HSK63A-ER16-150	25		00：52：11	
A6	开粗	球头刀	D2.0	R1	6	HSK63A-ER16-150	40		00：07：39	
A7	开粗	球头刀	D2.0	R1	6	HSK63A-ER16-150	40		00：18：52	
A8	开粗	球头刀	D2.0	R1	6	HSK63A-ER16-150	40		00：12：12	
A9	开粗	球头刀	D1.0	R0.5	9	HSK63A-ER16-150	20	0	00：01：49	
A10	开粗	球头刀	D1.0	R0.5	9	HSK63A-ER16-150	20	0	00：01：25	

六、思考题

阅读下面的资料，分析造成事故的原因，阐述企业应该根据事故如何进行安全教育。

2016 年 5 月 13 日 18：40 左右，车铣钻操作员陈某操作铣床对钣金模工件（长度约1.25m，质量约 6kg）进行铣削作业后，先关闭铣床电源约 6s 后，然后双手戴上帆布手套握住工件两端将其取下，在取下过程中左手背部接触到了还未停止转动的刀具，刀头绞入手套，造成陈某左手手背、左手小指轻微挫伤。

七、实战训练

训练 1：跟随课程进程对五轴叶轮（图 5-36）进行上机操作加工，包括工装夹具的固定、对刀、调用程序、启动加工。

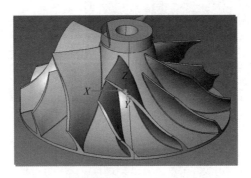

图 5-36　五轴叶轮

训练 2：对如图 5-37 所示的遥控器模仁进行上机操作加工，包括工装夹具的固定、对刀、调用程序、启动加工。

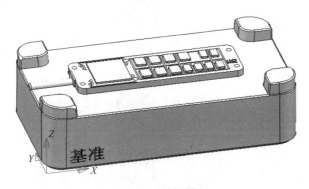

图 5-37　遥控器模仁

八、分组讨论和评价

（1）分组讨论　5~6 人一组，探讨训练 1 和训练 2 的最佳解决方案，并进行成果讲解；班级评出最佳解决方案和讲解（考核参考）。

（2）评价（自评和互评）　请根据任务概要进行自评和互评。

06

项目六

>>>>> **数控加工工艺基础知识和注意事项**

任务概要

任务目标：进一步熟悉并掌握模具开发流程、基础加工工艺、机床与刀具选用规范、数控加工编程相关基础及典型注意事项和相关标准等知识。

掌握程度：在数控加工编程中，能够全面、熟练地考虑各种因素，提高数控编程加工的质量和效率。

主要教学任务：模具开发流程、加工工艺基础、机床与刀具选用规范、数控加工编程相关知识及典型注意事项、零件加工相关标准等。

单元1 模具加工工艺基础

一、注塑模开发流程及加工工艺

数控加工是建立在合理的工艺制造流程和规范的产品开发流程之上的，合格的 CAM 工程师必须要了解产品的开发流程，清楚各个工序分工任务，知道当前 CNC 工序要加工的内容，才能更好地完成编程任务。数控加工中尤为重要的是模具加工，对模具开发流程的分析更能够让同学们全方位地了解数控加工的角色位置，加工出更好的零件，而且学会在生产加工中做好沟通、协调和管理。

1. 模具开发流程

模具开发流程包括产品设计—模具设计—模具制造—组装模具—试模—试样留存。模具制造过程需要根据设计要求在高效率及低成本中通过不同的工序进行轮换加工。

2. 模具设计

注塑模具的制造首先是由客户的工程人员提供产品图样给模具制造商，制造商通过成型塑料制作的任务要求，收集、分析、消化产品资料的过程，就是接受任务。

根据客户资料，模具设计工程师设计满足客户需求的模具，最后联合制造工艺人员开评审会议对设计好的模具进行优化改善。

3. 模具常用加工工艺

模具的机械加工包括 CNC 加工、EDM 加工、WEDM 加工、深孔钻加工等。模具在模胚及材料订购回来后只是粗加工状态或者只是钢料，这时必须根据模具设计要求，进行一系列的机械加工，制成各种零部件。

1）CNC（Computer Numerical Control）加工，也就是数控加工中心，其要求包括了各种加工程序、刀具选用、加工参数等要求。

2）EDM加工，即电火花加工，是利用放电腐蚀材料达到所要求零件尺寸的过程，因而只能加工可导电材料，其所用的电极一般为铜和石墨。图6-1所示为需要增加电极加工的位置。

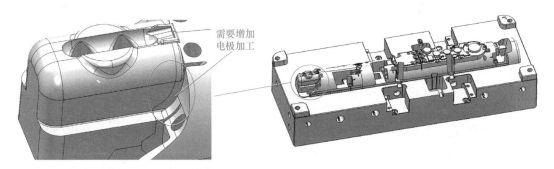

需要增加
电极加工

图6-1　需要增加电极加工的位置

3）WEDM加工，即电火花线切割加工，其基本原理是利用连续移动的细金属丝（称为电极丝）作为电极，对零件进行脉冲火花放电蚀除金属、切割成形。它一般应用于零件通槽尖角部位的加工，可加工CNC加工无法加工的通槽部位。

4）深孔钻加工一般应用于大型模具运水孔及顶针司筒孔等的加工。

4. 钳工装配

钳工在模具的制造过程中起相当重要的作用，工作贯穿整个模具的制造流程。因为在装配过程中，确保零件能够组装起来常常需要对零件进行打磨、钻孔、CNC返工等操作，钳工需要经常亲自返工，因此钳工需要掌握车、铣、磨、钻等机械加工工艺及操作技能。

5. 省模、抛光

省模、抛光是模具在CNC、EDM、钳工加工后、模具组装前，对模具利用砂纸、油石、钻石膏等工具材料对模具零件的加工。

6. 模具检验及试模

（1）模具检验　配模和装配的过程包括模具的检验过程，在配模和装配中，可检查红丹是否到位、顶针司筒是否顺畅、模具有没有做错干涉等。

（2）试模　模具制造完成后，为了检测模具的情况和胶件结构是否做好，需上注塑机进行试模。通过试模可以了解模具在注塑过程中出现的情况以及注塑塑件是否符合要求等。

7. 改模

模具在试模后，根据试模的情况做出相应的模具零件或者模具结构的更改，另外在工程师确认塑件后，塑件的结构也要做相应的更改，这些情况都会导致模具改模。

由于模具已经制造完成，故更改零件比较麻烦，甚至有时比重新做整套模具更困难，必须根据具体情况，找到最好的更改方案。而对于结构性的更改必须充分了解模具实际情况，了解结构更改后是否会容易出现干涉运水、顶针等情况，因此这些更改方案必须在开内部评审会议后是否再进行实际的改模动工。

如果模具改动很大，通过的改模方案下发后会导致大量编程任务。

二、加工工艺卡

工艺卡在加工制造中很重要，通过工艺卡能够了解零件的前后加工情况以及当前零件的实际状态，这样 CNC 才能做好当前工艺内容的加工。没有工艺卡，或者工艺卡凌乱会影响零件的最后质量，甚至产生加工事故。所以说，工艺卡很重要，一旦指定，不能随意更改。

数控加工人员能够通过查看工艺卡，读懂当前工艺内容，避免出现漏加工和错加工。学生们应从中学会零件的基本工艺内容和基本流程。

遥控器电池盖模仁加工工艺卡见表 6-1。

表 6-1　遥控器电池盖模仁加工工艺卡

项目编号：20×××××　项目名称：遥控器电池盖模仁　零件名称：定模镶件 1　材料：738H
订料尺寸：210mm×120mm×60mm　　　　打印日期：20××-××-××　　　工艺员：×××

ERP 编码

序号	工艺名称	翻译	计划工时	工艺内容
1	DHD	深孔钻	3	精密模具：打标，钻所有水孔，水嘴避空，喉牙底孔
2	CNC1	数控铣床	5	底面螺孔攻螺纹，避空位，铣削外形 R，按图倒角
3	RD	摇臂钻、小铣床和车床	3	精密模具：堵铜/喉牙，所有螺孔攻螺纹
4	Cri-M	磨床	1.5	精密模具：六面见光直角
5	CNC3	数控铣床	6	检查垂直度 0.01mm；顶面精锣胶位，碰穿位，精定位，型体
6	EDM	电火花	5	电打胶位，字码与 CNC 沟通
7	IPQC	质检	0.5	质检：电打胶位，字码与 CNC 沟通
8	Pol	抛光	4	胶位抛光 Ra 值为 $0.1\mu m$
9	组装接收	组装	2	组装接收

三、编程流程

数控编程流程对于初学者尤为重要，从下面的流程中可以看出编程需要考虑哪些操作以及这些操作的前后顺序，这样才能更好地完成编程任务，完成零件的加工。

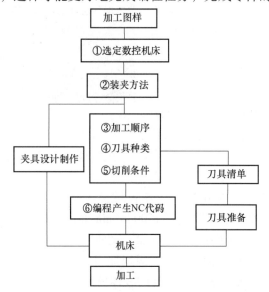

流程中各步骤的内容如下：

① 确定数控加工的范围和选定使用的数控机床。

② 工件的装夹方法决定夹具。

③ 分工序、决定刀具轨迹（粗、中、精加工等）。

④ 选定切削刀具、刀柄及决定刀具尺寸。

⑤ 确定切削条件（主轴转速、切削进给速度、切削液等）。

⑥ 计算坐标系：算出图样中看不到的尺寸；编制工艺表格；编制指令数据。

四、机床与刀具的选用规范

编程时还需要考虑根据零件的特征来选用加工中心和加工刀具，只有选用最适合的加工中心才能让企业的资源和效率最合理化，只有选用最合适的刀具才能让零件的加工最安全、最高效以及加工的质量最优化。

1. 加工中心的选用规范

加工的工件在哪个机床上加工呢？可以通过工艺人员给出的工艺卡看到（部分小企业可能编程员自己编工艺）；而工艺人员通过什么原则去选择机床呢？主要是根据零件的大小、零件加工精度以及零件的加工工艺选择。

（1）立式精密三轴加工中心 机床 X、Y、Z 轴最大行程为 550mm，机床的刀具直径最大不超过 16mm，转速极限可以达到 30000r/min（但一般加工最高为 25000r/min），适合加工小零件和精度要求高的精密零件，精度可以达到 5μm 以内。

（2）大型立式三轴加工中心（图 6-2） 机床 X 轴最大行程可以达到 1200mm，最大可以用直径为 50mm 的刀具，转速极限可以达到 20000r/min（但一般加工最高为 15000r/min），适合加工中小型零件，精度没精密三轴加工中心高，因为转速限制，用小型刀具多的零件最好不要在此机床上加工，效率会大打折扣。因为主轴有中心吹气，该机床可以用高速钻，比普通麻花钻效率高几倍。

图 6-2 大型立式三轴加工中心

（3）小型卧式加工中心 机床 X、Y、Z 轴最大行程为 600mm，转速极限可以达到 20000r/min（但一般加工最高为 16000r/min），最大的加工刀具直径可以达到 20mm，精度没立式三轴加工中心高，一般用来加工精度要求不是很高的零件侧面，因为用小型刀具加工的效率低。

（4）大型卧式加工中心（图 6-3） 机床 X 轴最大行程可以达到 2200mm，最大可以用直径为 60mm 的刀具，转速极限可以达到 15000r/min（一般加工最高为 12000r/min），适合大型零件的侧面加工，最大吨位为 3t，适合加工大型模架零件。

（5）深孔钻加工中心 用于加工水路，可以加工 1500mm 长的水路。

由以上内容可以看出，要根据加工工件的具体情况来选择对应的加工中心。

2. 刀具的选用规范

加工刀具的选用涉及很多方面，在此主要考虑如下几个方面：

1）由于企业的刀具种类和数量有限，编程员只能按企业实际情况来选取刀具，而不能凭空创建一把新的刀具来编程。

2）对应不同的材料，应选择相应的刀具来加工。例如，加工 45 号钢的刀具、加工热处理后工件的加硬刀具、加工 Cr12MoV 钣金件的刀具和加工非金属材料的刀具等。

3）由于小直径的刀具不仅仅加工效率低，而且刚性、强度均不足，所以在机床允许的情况下要考虑大直径的刀具。

4）根据模型拐角 R 圆角半径大小选取比 R 圆角半径小一级的刀具，如果拐角位置是利角，则要考虑用平底刀具。

图 6-3　大型卧式加工中心

5）粗加工时一般选用刀尖圆角面铣刀，成形曲面精加工时则一般选取球铣刀。

6）加工大平面时，一般选用面铣刀。

7）选用小直径刀具时，要考虑机床最大转速能否达到刀具最小转速要求，必须使用的情况下，要把进给量调低。

每个加工中心都有一个刀库，不同的加工中心配备的刀具都不一样，要根据零件加工特征选择对应的刀具。常用的刀具根据夹持可以分为烧刀、HSK 刀具以及 BT 刀具，使用哪种夹持是根据选好的机床来决定的。一般烧刀可以用于大部分机床，更加适合用来加工深腔零件。图 6-4 所示为整体立铣刀。

一般零件加工刀具选用规范如下：

1）刀具直径选用。选用刀具时要选择刀具 R 值的大小。刀具 R 值一定要小于零件拐角位置 R 值，这样才能把 R 角加工出来。

2）刀具长度选用。选用的刀具长度一定要小于刀具直径的 6 倍，这样才能保证刀具的刚性。如果确实需要很长的刀具加工，可采用烧刀或其他特种刀，无法加工时可采用放电加工。

3）刀具种类选用。加工的材料决定刀具的种类。加工 45 号钢可以用普通钢刀具；加工加硬的材料（如 Cr12MoV），就需要加硬的钨钢刀具；加工铜类零件，需要吹水加工，保证刀具不黏刀。

图 6-4　整体立铣刀

大直径的模架类刀具使用情况介绍如下：

1）模架类刀具很少用小直径的刀具，一般直径都在 12mm 以上。模架加工的机床都是大型的机床，这些机床的极限转速是比较低的，但转矩很大，可以用大直径的刀具进行大切削量的加工。

2）刀具直径。一般模具企业刀具直径可以达到 63mm，用来开粗和铣削平面，山特维特刀具不能铣削比较硬的热处理后的材质，而戴杰刀 D63R0.8 的加硬刀粒可以；其次有 D50 的，用于开粗；然后就有 D32 的，对于开粗和精光的各有一种刀；最后是 D20，也有开粗和精光两种。

3）戴杰刀具。戴杰刀具是日本产的刀具，飞刀应用比较多，多用于精光侧面和平面，可以加工热处理后的材料，规格有 D63R0.8、D32R0.8、D26R0.8、D20R0.8、D16R0.8 等。

4）山特维特刀具。它主要用来加工 45 钢，特别是铣削平面效果最佳，装刀长度可以通过多级防振刀柄组装，可达 500mm。

5）高速钻。可以中心出水或中心出气，钻时不能有预孔，效率比麻花钻高 10 倍左右，但价格也成正比，多用于加工孔比较多的情况。

图 6-5 所示为模具加工刀具。

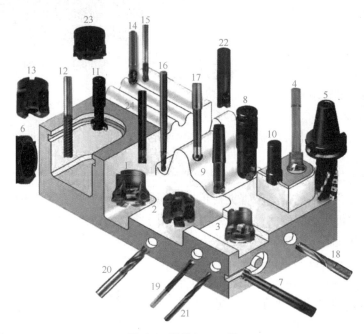

图 6-5　模具加工刀具

1—EXSKS 型"极速新干线"大切深高邀　2—HEP 型"七角神刀"超大切深　3—QM 型"快魔王"轻拉快跑
4—HDM/SDH 型超级黛模仿形开粗　5—DSM 型"斯文"玉米铣刀低阻力大切　6—DVC 型粗插铣刀
7—SEC 型"赛豹"多功能钻铣刀　8—SWB 型"斯文"粗加工球头铣刀　9—WDR3T 万达圆角"切深巨大"
10—CMTPR 机夹式 45°倒角　11—TSC 型剃槽刀　12—DZ-SEPL 型万向模宝超长刀　13—FJM 型"飞杰"
超精面铣刀　14—DH-OCHB 型高硬度 4 刃万向球头　15—DV-OCSB 型 2 刃万向球头　16—DZ-OCLB-T 型
超长锥颈万向球头刀　17—BNM 型镜面球头精铣刀　18—TA-EZ 型五星机夹钻　19—DZ-DHS 型即 I 度钻头
20—TLDM 型平头钻　21—DH-FHR 型高硬度铰刀　22—SKS 型经典"新干线"超大进给
23—PFC 型往返精插铣刀　24—RNM 型镜面圆角端铣刀

3. 刀具加工参数

刀具加工参数要依据加工类型选择，同一把刀具的开粗、半精和精光的转速、进给各不相同，并且由于加工平坦面、陡峭面、表面粗糙度要求和加工材质的不同，导致加工参数也各不相同。因此在使用刀具时要考虑零件的加工现状。

考虑到加工的材质如果偏软或者偏硬可以将参数调快或者调慢，如加工热处理后的材质可以取模具钢 738H 参数的 80%，下切步距等也应相应调小。铣削加工的各种刀具加工参数见表 6-2 ~ 表 6-5。

表 6-2　平面的半精和精光刀具加工参数

高速加工中心半精平面参数（加工材质：模具钢 738H）							
刀具	行距/ mm	切削 进给率/ （mm/min）	主轴转速/ （r/min）	刀具	行距/ mm	切削 进给率/ （mm/min）	主轴转速/ （r/min）
E1. 5-L5-SD6-H18	0.6	480	12000	E6-H26	2.5	900	6000
E2-L7-SD6-H22	0.8	520	10000	D8R1-H32	2.5	1200	6000
D3R0. 5-L8-H23	0.8	700	11000	E8-H32	3.5	1000	4600
E3-L8-SD6-H20	1.2	700	10000	D10R1-H40	3.5	1200	4800
D4R0. 5-L20-H24	1.2	720	5600	E10-H40	4.5	1000	4000
E4-L12-H20-T25	1.8	810	8600	D12R1-H60	4.5	1000	3500
D6R0. 5-H30	2.3	860	6600	E12-H60	5.5	850	3000
D16R1-L85-H85	9.8	1000	2300	D25R3-L110-H110	13	1000	2000
D20R3-L80-H80	12	1000	2400	D26R0. 8-SD25-H180-戴杰	18	700	1300
D20R1-L120-H120	12	1000	2400	D32R0. 8-L120-H120-戴杰	22	1300	1700
D20R0. 8-L80-H80-戴杰	14	1500	3000	D32R3-L120-H120	20	1300	1600
D25R1-L110-H110	16	1000	2100	D63R0. 8-H150-戴杰	43	2200	1300
高速加工中心精光平面参数（加工材质：模具钢 738H）							
刀具	行距/ mm	切削 进给率/ （mm/min）	主轴转速/ （r/min）	刀具	行距/ mm	切削 进给率/ （mm/min）	主轴转速/ （r/min）
E1. 5-L5-SD6-H18	0.6	380	11900	E6-H26	2.5	700	5800
E2-L7-SD6-H22	0.8	420	10000	D8R1-H32	2.5	800	5600
D3R0. 5-L8-H23	0.8	425	9400	E8-H32	3.5	800	4600
E3-L8-SD6-H20	1.2	500	10000	D10R1-H40	3.5	800	4800
D4R0. 5-L20-H24	1.2	400	5600	E10-H40	4.5	800	4100
E4-L12-H20-T25	1.8	600	8600	D12R1-H60	4.5	700	4000
D6R0. 5-H30	2.3	600	5600	E12-H60	5.5	680	3000

（续）

高速加工中心精光平面参数（加工材质：模具钢738H）							
刀具	行距/mm	切削进给率/(mm/min)	主轴转速/(r/min)	刀具	行距/mm	切削进给率/(mm/min)	主轴转速/(r/min)
D16R1-L85-H85	9.8	700	3200	D25R3-L110-H110	13	800	2000
D20R3-L80-H80	12	800	2500	D26R0.8-SD25-H180-戴杰	18	687	1300
D20R1-L120-H120	12	700	2400	D32R0.8-L120-H120-戴杰	22	700	1800
D20R0.8-L80-H80-戴杰	14	700	3100	D32R3-L120-H120	20	700	1700
D25R1-L110-H110	16	800	2000	D63R0.8-H150-戴杰	43	2000	1400

注：精光为了表面粗糙度，进给率会降低。

表6-3 陡峭侧面精光刀具加工参数

高速加工中心精光陡峭侧面参数（加工材质：模具钢738H）							
刀具	下切步距/mm	切削进给率/(mm/min)	主轴转速/(r/min)	刀具	下切步距/mm	切削进给率/(mm/min)	主轴转速/(r/min)
E1.5-L5-SD6-H18	0.03	950	14000	E6-H26	0.06	1800	8600
E2-L7-SD6-H22	0.03	1000	13000	D8R1-H32	0.12	4300	10000
D3R0.5-L8-H23	0.08	3000	20000	E8-H32	0.08	1800	6500
E3-L8-SD6-H20	0.04	1500	13000	D10R1-H40	0.12	4600	8000
D4R0.5-L20-H24	0.1	2400	11200	E10-H40	0.09	1900	5000
E4-L12-H20	0.05	1800	12200	D12R1-H60	0.16	3500	6000
D6R0.5-H30	0.1	3600	11000	E12-H60	0.1	1700	3800
D16R1-L85-H85	0.18	2500	4600	D25R3-L110-H110	0.3	2600	4000
D20R3-L80-H80	0.25	2400	4800	D26R0.8-SD25-H180-戴杰	0.3	1700	2800
D20R1-L120-H120	0.2	1600	3600	D32R0.8-L120-H120-戴杰	0.3	2700	3400
D20R0.8-L80-H80-戴杰	0.25	3400	6200	D32R3-L120-H120	0.35	3000	4000
D25R1-L110-H110	0.25	2400	4000	—	—	—	—

注：1. 半精侧面的下切步距可以是精光侧面的2倍，而转速和进给率可以一样。

2. 加工侧面的下切步距数值与零件要求的表面粗糙度有关，具体下切步距数值可以查看相关表面粗糙度表。

3. 此表只是小型立式加工中心的刀具加工参数，不同机床的最高转速都不一样，如果转速超过最高转速，则按最高转数加工，进给率也按比例下调。

表 6-4　开粗刀具加工参数

高速加工中心开粗参数（加工材质：模具钢 738H）									
刀具	行距/mm	下切步距/mm	切削进给率/(mm/min)	主轴转速/(r/min)	刀具	行距/mm	下切步距/mm	切削进给率/(mm/min)	主轴转速/(r/min)
E1. 5-L5-SD6-H18	0.7	0.034	1100	12000	E6-H26	2.7	0.15	3300	5600
E2-L7-SD6-H22	0.9	0.425	1300	10000	D8R1-H32	3.6	0.15	4800	4800
D3R0. 5-L8-H23	1.35	0.1	3800	9400	E8-H32	3.6	0.15	3100	4200
E3-L8-SD6-H20	1.35	0.12	2500	10000	D10R1-H40	4.5	0.15	4800	4000
D4R0. 5-L20-H24	1.8	0.1	2000	5500	E10-H40	4.5	0.15	2900	3600
E4-L12-H20	1.8	0.12	3000	8000	D12R2-H60	7.0	0.15	3000	2200
D6R0. 5-H30	2.7	0.12	4000	5200	E12-H60	5.5	0.136	2600	2700
D16R2-L80-H80	7.2	0.23	1800	1800	D50R3-SD47-H150	30	0.45	4000	860
D20R2-L80-H80	9.6	0.3	3000	1800	D63R3-SD60-H150	40	0.5	4000	700
D32R3-L70-H100	20	0.4	3000	1600	—	—	—	—	—

注：不同机床的最高转速都不一样，如果转速超过最高转速，则按最高转数加工，进给率也按比例下调。

表 6-5　平缓面精光刀具加工参数

高速加工中心精光平缓面球刀加工参数（加工材质：模具钢 738H）							
刀具	行距/mm	切削进给率/(mm/min)	主轴转速/(r/min)	刀具	行距/mm	切削进给率/(mm/min)	主轴转速/(r/min)
B0. 6-L2-SD4-H12	0.025	500	26000	B4-H18	0.12	4500	25000
B1-L8-SD4-H16	0.05	2000	23000	B6-H26	0.15	4500	21000
B1. 5-L10-SD4-H18	0.07	1800	22000	B8-H32	0.17	4500	16000
B2-L8-SD6-H20	0.08	3000	26000	B10-H40	0.2	4600	13000
B3-L13-SD6-H20	0.1	3500	26000	B12-H50	0.21	4600	11000

注：1. 加工平缓面的行距数值与零件要求的表面粗糙度有关，具体行距数值可以查看相关表面粗糙度表。

　　2. 此表只是小型立式加工中心的刀具加工参数，不同机床的最高转速都不一样，如果转速超过最高转速，则按最高转数加工，进给率也按比例下调。

五、常用加工件规范和标准

1. 塑胶模公差表

塑胶模具有很多零配件，每个零配件的加工公差因装配要求的不同而不同。塑胶模公差表见表 6-6，表中对零件的各个特征进行了归纳，方便编程加工中的查阅以及使用。不了解加工公差而盲目加工不可取，对于某些零件可能只需要开粗到位即可，对于另一些零件可能就要修配达到高精度要求，为了能够高效地完成零件的加工，此表必不可少。

表 6-6　塑胶模公差表 （单位：mm）

序号	特征	尺寸公差	位置公差	特征深度公差	备注
1	水孔	±0.3	±0.3	±3	—
2	水嘴避空沉台	±0.3	±0.3	±3	—
3	翻水孔	±0.3	±0.3	±3	—
4	螺钉沉台避空孔	±0.3	±0.3	±0.3	—
5	螺钉过孔	±0.3	±0.3	—	—
6	热嘴避空	±0.3	±0.3	-0.2	深度只允许做浅，做大0.2mm
7	导套孔	（-0.015，0.005）	±0.02	—	—
8	导套沉台	±0.3	±0.02	（0，1）	要求沉台做深，不能导致导套挂台高出平面
9	斜顶槽底部避空	±0.3	—	±3	
10	顶针避空	±0.3	±0.3	±3	—
11	镶件底部垫块槽侧壁	±0.03	—	—	侧壁要求定位，尺寸要求准确
12	周边R角避空	-0.3	—	—	过切
13	耐磨块槽侧壁	（普通模-0.1但汽车模只允许过切-0.05）			注意汽车模标准不同
14	耐磨块槽底部	±0.03	—	±0.03	槽底部要求尺寸准确
15	有耐滑块的滑块背面	-0.3	—	—	过切
16	滑块压条台阶面	-0.03	—	—	滑动间隙可以调整压条对应
17	滑块台阶导向直身侧壁	-0.03	—	—	滑动间隙可以调整压条对应
18	滑块台阶斜度侧壁	±0.03	—	—	—
19	斜导柱孔	±0.3	±0.3	—	口部R角留0.05mm，不能和导柱孔出现过切、断差
20	弹簧孔	±0.3	±0.3	±2	特别注意氮气弹簧深度±1mm，而且必须平底
21	顶针挂台	±0.02	±0.2	±0.02	—
22	斜顶座	±0.02	±0.2	±0.02	—
23	支撑柱过孔	±0.3	±0.3	—	—
24	直顶杆座	±0.02	±0.3	±0.02	—
25	中托司孔	±0.02	±0.01	—	—

（续）

序号	特征	尺寸公差	位置公差	特征深度公差	备注
26	热流道过孔	±0.3	±0.3	—	—
27	热嘴沉台	—	±0.01	—	此尺寸非常重要，确保高度
28	热嘴沉台侧壁	±0.02	—	—	此尺寸非常重要，确保热嘴同心度
29	热流道槽侧壁	±0.3	±0.3	—	—
30	模架滑块槽	±0.02	±0.01	±0.02	—
31	模架压块槽	±0.05	±0.3	±0.5	—
32	导柱避空孔	±0.3	±0.3	—	—
33	避空位	±0.3	—	—	—
34	复位杆孔	(0.06, 0.1)	—	—	做大
35	尼龙锁模器槽	±0.02	—	—	—
36	导柱孔	(0.005, 0.015)	±0.02	—	导柱孔适当滑配

2. 米制粗牙螺纹螺距及底孔表

在对螺孔进行编程时，需要输入螺孔的基本参数，而螺孔规格很多，很多时候需要查阅表格。需要知道螺孔的底孔深度才能设定刀具路径深度，需要知道螺孔的螺距才能设置刀具路径的切削进给率和转速，因为进给率除以转速一定要等于螺距，否则螺孔就会报废。一般螺纹的深度一定不要大于底孔的深度减去钻头末端锥度的深度值，防止丝锥被顶住报废。米制粗牙螺纹螺距及底孔表见表6-7。

表6-7 米制粗牙螺纹螺距及底孔表　　　　　　　　（单位：mm）

公称直径	螺距	螺纹底孔		
		推荐底孔	底孔上限	底孔下限
M3	0.5	2.5	2.6	2.5
M4	0.7	3.3	3.4	3.2
M5	0.8	4.2	4.3	4.1
M6	1	5	5.2	4.9
M8	1.25	6.8	6.9	6.6
M10	1.5	8.5	8.7	8.4
M12	1.75	10.3	10.4	10.1
M14	2	12	12.2	11.8
M16	2	14	14.2	13.8
M18	2.5	15.5	15.7	15.3
M20	2.5	17.5	17.7	17.3

3. 表面粗糙度标准

表面粗糙度是衡量一个零件最终表面光洁程度的一个标准，数控编程中针对不同零件表面粗糙度要求设置不同的行距。从表6-8中的模具零件加工需要达到的表面粗糙度值对应的加工行距可以知道，在高效率、低成本的基础上，不同零件只要满足表面粗糙度要求使用对应的行距即可。若要达到镜面效果，可以通过极低的切削进给和极密集的行距进行磨削加工。对于要求不高或者没有装配要求和表面要求的，可以直接开粗到数即可，或者使用超大行距，满足使用要求即可。此标准是建立在满足使用要求下所能达到的最高效、最低成本的加工方案。

表6-8 表面粗糙度标准（塑胶模具）

曲面位置	理论残留高度	理论表面粗糙度 Ra 值/μm	实际测量表面粗糙度 Ra 值/μm	D6R3 平行行距/mm	D12R6 平行行距/mm	D6R0.5 刀 45°等高下切行距/mm	D12R1 刀 45°等高下切行距/mm
镜面	—	—	—	—	—	—	—
定模胶位（不抛光）	—	—	—	—	—	—	—
高光定模胶位	0.5	0.13	0.4	0.08	0.12	0.05	0.065
定模胶位（高光动模胶位）	1.2	0.3	0.7	0.12	0.18	0.07	0.1
动模胶位	1.9	0.48	0.8	0.15	0.22	0.085	0.13
分型面/镶滑配合位	1.9	0.48	0.8	0.15	0.22	0.085	0.13
避空位	6.4	1.6	—	0.277	0.396	—	—

单元2　数控加工工艺编程及注意事项

一、数控加工工艺编程

工艺编程主要考虑安全、高效、合理以及最优的问题。安全是指机床安全、工件安全以及刀具安全，这涉及编程刀具路径安全性问题。高效是指程序时间尽可能地缩短，程序不多余也不缺少。合理是指程序用刀合理、参数合理以及工艺合理。最优是指程序通过修剪和编辑实现最优化的状态。工艺编程是编程工程师职业能力的综合体现，在安全与高效中找到平衡点，在不断优化的过程中开展工艺思路的创新，需要时刻保持敬业之心，博采众长，精益求精。

1. 工艺编程结构

任何工件初始加工都是一个方料，有大部分余量需要清除，如何最终达到所需形体并且保证精度和表面质量，一般需要如下三个编程步骤：

（1）粗加工　高效去除材料；保证精加工余量均匀；尽量降低加工成本。一般留0.2～0.4mm的余量，尽量先用大刀开粗，再用小刀清角，后面用小刀加工残留时的径向余量要增加，避免掉刀，如图6-6所示。

（2）中加工　保证精加工余量均匀；使用高速加工的参数。留余量 0.05~0.1mm，注意先走平面，再走侧壁。

（3）精加工　完成加工表面，达到质量要求；效率高；保证刀具寿命。但对于小直径刀具（2mm 直径以下）可以直接开粗留 0.05mm，后面直接精光到数即可。

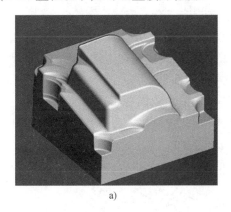 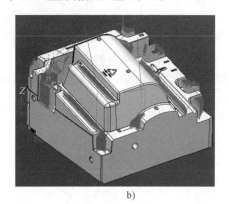

a)　　　　　　　　　　　　　　　　　b)

图 6-6　残留开粗

a）前一刀具切削后残留模拟结果　b）残留余量加工轨迹

2. 影响刀具寿命因素

1）刀具的材质（材料的硬度）。

2）刀具表面的涂层（涂层工艺差异）。图 6-7 所示为整体涂层立铣刀。

3）被加工工件的材质（材料的热导率、硬度和强度）。

4）编程工艺、切削方式、参数（编程工艺、顺铣逆铣、参数合理性）。

5）切削液的好坏（润滑、清洗、排屑和防锈性能）。

图 6-7　整体涂层立铣刀

3. 良好的切削条件

1）使用顺铣（Down Cut）。

2）使用比较短的刀具。

3）减少切削量。

4）使用一些小于模型内拐角 R 值的刀具。

5）切削高硬度工件时，使用多刃数的刀具。

6）切削低硬度工件时，使用少刃数的刀具。

7）尽量不用全刃切削，必须使用时应把进给量调低。

4. 常见数控加工工艺编程问题

无论新手还是老师傅都会犯一些工艺编程上的低级错误，这往往会导致严重后果，而这些低级错误包括如下几类：

1）编程走刀方式错误（顺铣、逆铣）。

2）切削参数设置不当。

3）拐角余量多、未修圆。

4）切削余量不均匀（清角刀具路径要做足，保证后面切削余量均匀）。

5）程序错误、非技术性错误（坐标错误，考虑余量不当）。

6）刀具使用不合理（用刀原则：能大不小，能短不长）。

5. 编程走刀方式设置

1）顺铣时的切削振动小于逆铣时的切削振动，刀具切入厚度从最大减小到零，刀具切入工件后不会出现因切不下切屑而造成弹刀现象，工艺系统的刚性好（图6-8a）。

2）逆铣时，刀具的切入厚度从零增加到最大，刀具切入初期因切削厚度薄将在工件表面划擦一段路径，此时刃口如果遇到石墨材料中的硬质点或残留在工件表面的切屑颗粒，都将引起刀具的弹刀或颤振，因此逆铣的切削振动大（图6-8b）。

实践表明：顺铣时，铣刀寿命比逆铣时提高2~3倍，表面粗糙度值也可降低，但顺铣不宜用于铣削带硬皮的工件。

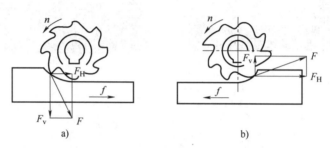

图6-8　顺铣和逆铣

a）顺铣　b）逆铣

6. 拐角修圆设置

在生成刀具路径之前，必须对刀具路径进行修圆设置，保证刀具路径在拐角位置有圆滑过渡，这样才能保证刀具切削顺畅，避免出现受力过大或者出现挤刀从而导致的弹刀现象。

图6-9a所示为不修圆的尖角刀具路径，应该对刀具路径进行拐角修圆设置，如图6-9b所示。

图6-9　拐角修圆设置

a）不修圆的尖角刀具路径　b）修圆的刀具路径

7. 编排刀具顺序合理化

为避免开粗不到位的位置出现半精或者精光弹刀问题，需使拐角处开粗用的刀具直径小于半精用的刀具直径小于精光的刀具直径。如开粗用 3mm 直径刀具，半精就要用大于 3mm 直径的刀具，如半精用 4mm 直径的刀具，那么精光就要用大于 4mm 直径的刀具，这样的目的就是要保证后面用的刀具走的刀具路径能均匀切削，不要突然拐角余量过大。

编程的编排一般顺序为：开粗—二次开粗—半精—精光。

二、数控加工需注意的典型事项

1. 编程操作错误

（1）事件经过　加工底壳时，由于开粗涉及多面加工用到辅助面补面，但合并刀具路径时误将辅助面删除，导致工件与刀具干涉，造成断刀。

（2）原因分析　开粗时如图 6-10 所示用辅助面封起，刀具相对辅助面掠过。如图 6-11 所示，刀具路径合并时误删辅助面导致刀具相对于工件表面掠过，而此表面未加工，导致干涉。

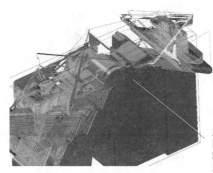

此面涉及两面加工，开粗时已用辅助面封起

图 6-10　刀具路径开粗

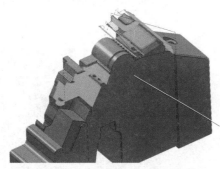

合并刀具路径时误删辅助面，掠过时发生干涉

图 6-11　刀具路径掠过发生干涉

（3）改善措施　组长负责检查刀路仿真结果截图，对刀路安全输出负责，对检查出因辅助面导致撞机的进行编程当事人绩效评低处理。

2. 编程用刀不合理

（1）事件经过　加工顶针夹具时，由于刀具和加工参数选择不合理，导致刀具报废（图 6-12）。

（2）原因分析　D16R8 刀粒刀采用参考线精加工策略加工 $R8mm$ 的半圆槽，由于刀具

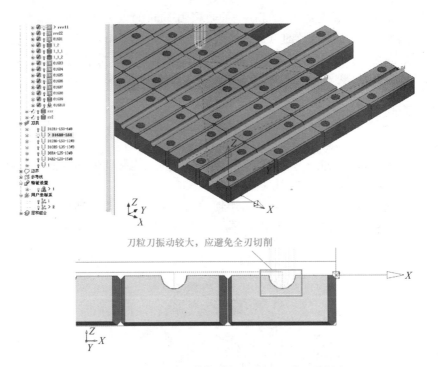

刀粒刀振动较大，应避免全刃切削

图6-12 刀具和加工参数选择不合理导致刀具报废

和加工参数选择不合理，加之刀粒刀振动较大，导致刀具报废。

（3）改善措施 D16R8刀粒刀多用于精加工，不可以用于大余量的开粗，应按加工标准选择刀具及相应加工参数，不可想当然乱加工。

3. 装刀不合理

（1）事件经过 加工面板时，由于刀具和加工参数选择不合理，导致刀具松动、掉刀，造成大面积加工过切（图6-13）。

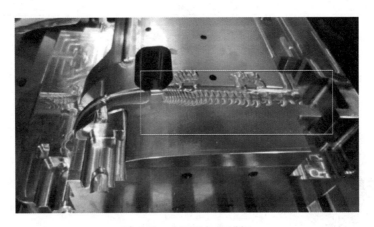

图6-13 大面积加工过切

（2）原因分析 二次开粗余量设置不合理（0.4mm）造成刀具柄径与工件摩擦，导致刀具加工过程中受力过大发生掉刀；CNC加工工艺卡要求刀具伸出长度为50mm，而实际加工过程刀具伸出长度为 65mm。

（3）改善措施　应严格按照 CNC 加工工艺卡工艺要求装刀。出现装刀错误按照降低绩效评分处理。

4. 编程工艺不合理

（1）事件经过　加工离心风叶时，由于编程工艺不合理导致弹刀过切，如图 6-14 所示。

图 6-14　弹刀过切

（2）原因分析　图 6-15 所示为加工模拟图，由于正面开粗时底部并未加工到底部，仍留有 1mm 余量，导致弹刀过切。

正面开粗时底部
剩下1mm左右薄片

图 6-15　加工模拟图

（3）改善措施　对于此类底部要加工到底部的零件，需按加工要求编程，分为两次装夹加工，第一次反面加工用刀粒刀开粗，底部剩余 15mm，第二次正面加工用整体刀 D12R0 加工到底部即可。

项目七
>>>>> 编程案例

任务概要

任务目标：进一步掌握几个典型案例的工艺编程，全面提高对各类零件编程的熟练度，包括对模仁、模架以及四轴五轴典型零件的编程。

掌握程度：能够独立编程与案例相类似难度的零部件，在编程中能够全面考虑编程应注意的问题以及针对零件的不同而使用不同的策略和参数。

主要教学任务：遥控器模仁、五轴叶轮、大力神杯、模架 A 板的编程示范与指导等。

案例 1　典型模具核心零件数控加工编程案例

一、案例背景

模具模仁（定模镶件）是模具中比较重要的零件，也是模具中精度和复杂度比较高的零件，该零件编程包括开粗策略、半精策略、精光策略，也包括了边界、残留模型功能的使用。

二、遥控器模仁数控加工编程案例演示

1. 遥控器模仁

遥控器模仁，尺寸为 110mm×200mm×60mm，加工碰数形式为单边碰数，如图 7-1 所示。

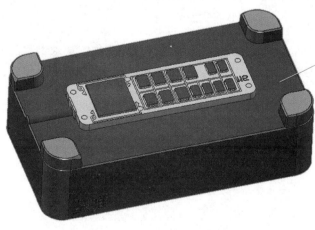

红紫色面为分型面，
橙色面为精定位，
黄色面为胶位面，
水绿色为外型面，
灰色面为避空位

图 7-1　遥控器模仁

2. 工艺

加工材料为 738H、具体的工艺内容见表 7-1。

表 7-1 工艺内容

序号	工艺名称	翻译	计划工时	工艺内容
1	DHD	深孔钻	3	精密模具：打标，钻所有水孔，水嘴避空，喉牙底孔
2	CNC1	数控铣床	5	底面螺孔攻螺纹，避空位，锣外形 R，按图倒角
3	RD	摇臂钻、小铣床和车床	3	精密模具：堵铜/喉牙，所有螺孔攻螺纹
4	Cri-M	磨床	1.5	精密模具：六面见光直角
5	CNC3	数控铣床	6	检查垂直度 0.01mm：顶面精锣胶位，碰穿位，精定位，型体
6	EDM	电火花	5	电打胶位，字码与 CNC 沟通
7	IPQC	质检	0.5	质检：电打胶位，字码与 CNC 沟通
8	Pol	抛光	4	胶位抛光 $Ra0.1$
9	组装接收	组装	2	组装接收

3. 刀具

刀具规格见表 7-2。

表 7-2 刀具规格 （单位：mm）

刀具	规格
E2	2.0×4D×50L
E4	4.0×4D×50L
E10	10.0×10D×75L
D4R0.5	4R0.5×4D×50L

4. 夹具

如图 7-2 所示，装夹所用的夹具为虎钳，装夹行程为 150mm，满足工件装夹要求（宽度 110mm）。

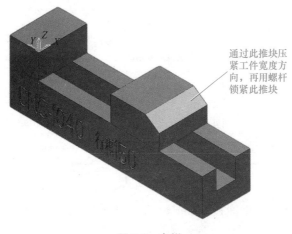

通过此推块压紧工件宽度方向，再用螺杆锁紧此推块

图 7-2 虎钳

5. 编程工艺

编程工艺主要包括开粗—残留开粗—半精—残留半精—精光—清角，其次是策略及主轴转速、切削进给率，刀具路径排列表见表7-3。

表7-3　刀具路径排列表

序号	刀具	加工类型	策略	主轴转速/（r/min）	切削进给率/（mm/min）
1	E10	开粗	模型区域清除	3600	2900
2	E4	残留开粗	模型残留区域清除	8000	2900
3	E2	残留开粗	模型残留区域清除	12000	1500
4	E10	平坦面半精	等高切面区域清除	4000	1000
5	E10	侧面半精	等高精加工	5200	1900
6	E4	平坦面残留半精	等高切面残留区域清除	8500	800
7	E4	侧面残留半精	等高精加工	12000	1800
8	E10	平坦面精光	等高切面区域清除	4000	800
9	D4R0.5	四个侧面精光	等高精加工	11000	2400
10	D4R0.5	胶位面精光	等高精加工	11000	2400
11	D4R0.5	半圆面精光	曲面精加工	11000	2400
12	E10	等高清角	等高精加工	5200	1900
13	E10	等高清角最后一刀	等高精加工	4000	800
14	E4	平坦面残留精光	等高切面区域清除	8500	600
15	E4	清角精光	等高精加工	12000	1800
16	E4	清角最后一刀	等高精加工	8500	600
17	E2	残留开粗	模型残留区域清除	12000	1500
18	E2	侧面精光	等高精加工	15000	1200
19	E2	侧面精光最后一刀	等高精加工	12000	500
20	E2	铣削加工字码	参考线精加工	20000	2200

6. 刀具路径

使用 PowerShape 产生辅助面在 PowerMill 2017 软件上编程，用边界、参考线控制刀具路径，其工艺可按表7-3选取。图7-3所示为所有刀具路径图片。

图7-3　所有刀具路径图片

图 7-3　所有刀具路径图片（续）

7. 碰撞过切检查

使用 PowerMill 软件的自带碰撞功能进行碰撞过切检查，其中夹持间隙"0.2"、刀柄间隙"0.5"。

8. 仿真模拟

使用 PowerMill 软件自带的 ViewMill 功能仿真，仿真过程可看到实际加工情况（图 7-4）。

图 7-4　仿真过程

9. 工件实物

使用海德汉 640 机床进行加工后的工件实物如图 7-5 所示。

图 7-5　加工后的工件实物

案例 2　航空工业叶轮五轴数控加工编程案例

一、案例背景

叶轮被广泛应用于航空、航天等领域，由于其结构复杂，因此传统的加工方法难以保证其加工精度，加工制造较困难。本案例采用 PowerMill 高速多轴加工技术数控加工软件产生数控代码完成叶轮加工程序生成，加工要求如下：直径为 170.5mm 整体叶轮，材料为 6061 合金，叶片形状误差为 ±0.05mm，轮毂上保留流道的形状，最大刀具路径间距约为 1.5mm。

单个叶片可采用 PowerMill 中的曲面精加工或曲面投影精加工策略完成加工轨迹生成，由于利用 PowerMill 中叶轮加工模块计算可使计算过程简单化，因此采用 PowerMill 中叶轮加工模块完成整体叶轮的五轴联动加工。该模块包括叶盘区域清除、叶片精加工以及轮毂精加工等加工策略。

叶轮加工需要注意的问题如下：

（1）刀轴仰角的选择　刀轴仰角有径向矢量、轮毂法线、套法线、偏置法线、平均轮毂法线、平均套法线选项，其中轮毂法线、套法线、偏置法线是以轮毂或套的法线方向摆动，摆动角度连续变化，刀具伸出长度小，适合长叶片大叶轮加工，如果用于小叶轮加工，则 A 轴摆动大，加工稳定性较差；而径向矢量、平均轮毂法线、平均套法线三种方式需要设定仰角值或系统自动计算固定角度值，在机床加工中，A 轴基本不动，C 轴摆动，适合短叶片小叶轮加工。

（2）偏置方式选择　偏置方式有三种：偏置向上、偏置向下、合并方式，其中偏置向下方式在叶片根部刀具轨迹不连续，合并方式计算量大、走刀费时间，偏置向上方式清角更干净，一般优先选择偏置向上方式。

（3）刀轴限界　目的是限制 A（B）、C 轴摆动范围以适应机床，可在 PowerMill 中设置刀轴限界，定义一旋转工作半径，从而在多轴刀具路径产生过程中，使刀轴不超过该工作半径范围。

（4）刀具路径复制　单叶片精加工程序生成后通过变换刀具路径菜单，可完成刀具路径复制，如果所使用 PowerMill 版本中没有阵列功能，则只能一个一个复制，最后将复制好的刀具路径依次叠加到第一个刀具路径中去。操作时按下〈Ctrl〉键的同时单击新生成刀具路径拖入到第一个刀具路径中。叠加刀具路径后，需要重新编辑退刀点和进刀点连接以及"切入切出和连接"，最后执行"碰撞过切"检查。

（5）实体仿真 对于刀具路径进行"碰撞过切"检查后就可以进行实体仿真，在 View-Mill 工具栏中单击"开始"按钮，然后在"仿真"工具栏中选择要模拟的方式，就可以模拟加工结果，同时也可以在机床工具栏中选择相应的机床，对实际加工过程进行仿真，观察加工中有无超出机床加工范围，以及是否会出现刀具与机床的碰撞现象。

（6）程序生成 生成后置处理数控程序需要注意，在 NC 参数选择时，输出用户坐标系一定是原始的工件坐标系，同时一定要锁定，这样才能正确地将 PowerMill 下生成的刀位文件转化为数控系统和加工机床能识别的 NC 文件。同时还需注意文件名的扩展名 MPF（西门子系统）一定要大写。

（7）程序加工仿真 为了保证程序的准确性，防止在加工中发生碰撞与过切，需要对加工过程进行仿真，虽然 PowerMill 软件可以完成实体仿真，但是不能更清晰地看到刀具路径以及加工出来的结果，因此可以采用 VERICUT 软件对后置处理后的程序进行加工仿真。

二、叶轮数控加工编程案例演示

1. 使用软件分割出套、轮毂、叶片

使用 UG 软件将叶轮分割出套、轮毂、叶片，如图 7-6 所示。

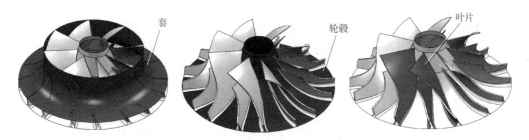

图 7-6 叶轮的套、轮毂、叶片

2. 产生层、创建毛坯和刀具

（1）产生层 如图 7-7 所示，右击资源管理器上的"层和组合"选项，选择"产生层"选项（图 7-7），重新命名为"tao"，重复上述操作产生多个层，依次命名为"lungu""zuoyepian""youyepian""fenliuyepian"，如图 7-8 所示。

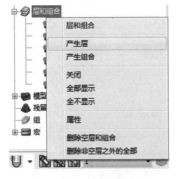

图 7-7 产生层

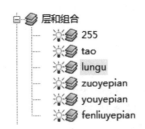

图 7-8 命名各种层

选择叶轮上的套（图7-9），再右击命名为"tao"的层，单击选择"获取已选模型几何
形体"选项（图7-10）。

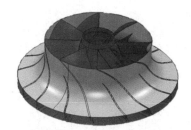

图7-9　选择叶轮上的套　　　　　　　　　图7-10　获取已选模型几何形体

依次选择叶轮上的轮毂、左叶片、右叶片、分流叶片，按上一操作将选好的面按名称添
加到命名为"lungu""zuoyepian""youyepian""fenliuyepian"的层上（图7-11）。

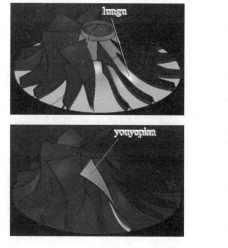

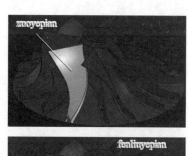

图7-11　添加各个部件的层

（2）创建毛坯　在资源管理器上右击"参考线"选项，选择"曲线编辑器"选项
（图7-12a），在弹出的"曲线编辑器"工具栏上，单击图7-12b所示的"产生纺锤形轮廓"
按钮。

"纺锤形轮廓"对话框设置如图7-12c所示，单击"产生"按钮，关闭对话框，得出如
图7-13所示的参考线，单击曲线编辑器最右方的"接受改变"按钮。激活参考线，单击
"毛坯"按钮，弹出"毛坯"对话框，在"由…定义"下拉列表框中选择"纺锤形参考
线"选项（图7-14）。

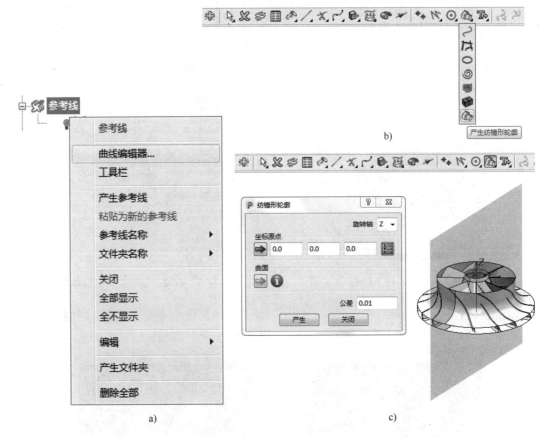

图 7-12 产生纺锤形轮廓

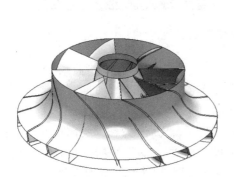

图 7-13 产生的参考线

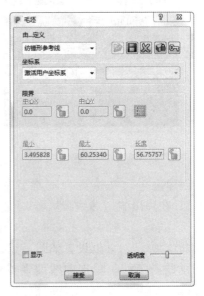

图 7-14 毛坯设置

单击"接受"按钮，产生如图 7-15 所示的毛坯。

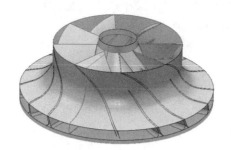

图 7-15　创建毛坯

（3）创建刀具　使用测量工具测量叶片之间最小的距离大概是 5.6mm，再测量叶片高度大概为 38mm（图 7-16）。

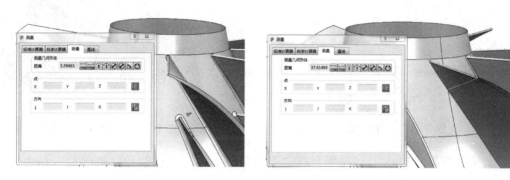

图 7-16　测量叶片距离和高度

创建直径为 5mm、刃长为 25mm（图 7-17a）、刀柄长度为 25mm、刀具伸出长度为 50mm 的球头刀。夹持尺寸如图 7-17b 所示，此处仅供参考。

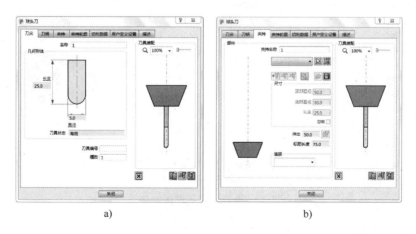

a)　　　　　　　　　　　　　　b)

图 7-17　创建刀具设置

3. 叶轮开粗

（1）设置余量　选择套的面，单击主工具栏上的"缺省余量"按钮，在弹出的"部件余量"对话框中，单击"曲面"选项卡（图 7-18），在"加工方式"下拉列表框中选择"忽略"选项，单击下方的第一条，然后单击"获取部件"按钮，最后单击最下方的"应用"按钮，此时该面显示为蓝色（图 7-19）。

图 7-18 "部件余量"对话框

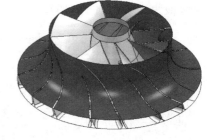

图 7-19 部件余量设置后面的颜色

（2）选取策略 单击主工具栏上的"刀具路径策略"按钮，在弹出的对话框中选择"叶盘"→"叶盘区域清除"选项，最后单击"接受"按钮（图 7-20）。

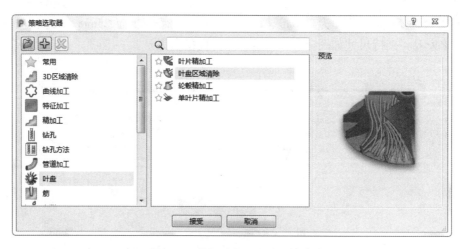

图 7-20 选取叶盘区域清除策略

（3）设置参数

1）选择"快进移动"选项，在"快进间隙"文本框中输入"10"，在"下切间隙"文本框中输入"5"，单击"计算"按钮。

2）在"叶盘区域清除"对话框中，如图 7-21 所示设置参数。

3）选择"刀轴仰角"→"偏置法线"选项。

4）选择"加工"选项，设置如图7-22所示。

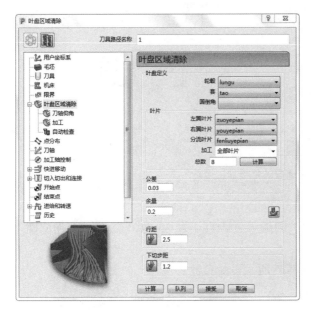

图7-21 叶盘区域清除设置参数

图7-22 "加工"选项设置

5）激活选择上面创建的刀具。

6）选择"切入切出和连接"选项，"切入""切出"都选择"无"选项，"连接"选择"圆形圆弧"选项，在"距离"文本框中输入"50"。

7）进给和转速设置如图7-23所示。

8）单击"叶盘区域清除"对话框最下方的"计算"按钮。

9）计算完成后在"层和组合中"关掉"tao"的层，得出如图7-24所示的刀具路径。

图7-23 进给和转速设置

图7-24 叶盘区域清除刀具路径

4. 叶轮精光

（1）叶片精加工

1）选取策略。单击主工具栏上的"刀具路径策略"按钮，在弹出的对话框中选择"叶盘"→"叶片精加工"选项，最后单击"接受"按钮（图7-25）。

图 7-25　选取叶片精加工策略

2）设置参数。

① 选择"快进移动"选项，在"快进间隙"文本框中输入"10"，在"下切间隙"文本框中输入"5"，单击"计算"按钮。

② 在"叶片精加工"对话框中按图 7-26 所示设置参数。

③ 选择"刀轴仰角"→"套法线"选项。

④ 选择"加工"选项，设置如图 7-27 所示。

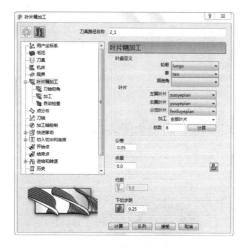

图 7-26　叶片精加工设置参数

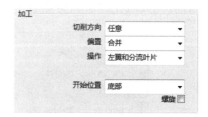

图 7-27　"加工"选项设置

⑤ 激活选择上面创建的刀具。

⑥ 选择"切入切出和连接"选项，"切入""切出"都选择"无"选项，"连接"选择"圆形圆弧"选项，在"距离"文本框中输入"50"。

⑦ 选择"自动检查"选项，在"夹持间隙"文本框中输入"0.1"，在"刀柄间隙"文本框中输入"0.1"。

⑧ 进给和转速设置如图 7-28 所示。

⑨ 单击"叶片精加工"对话框最下方的"计算"按钮。

⑩ 得出如图 7-29 所示的刀具路径。

图 7-28　进给和转速设置

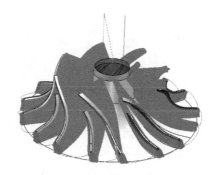

图 7-29　叶片精加工刀具路径

（2）轮毂精加工

1）选取策略。单击主工具栏上的"刀具路径策略"按钮，在弹出的对话框中选择"叶盘"→"轮毂精加工"选项，最后单击"接受"按钮（图 7-30）。

图 7-30　选取轮毂精加工策略

2）设置参数。

① 选择"快进移动"选项，在"快进间隙"文本框中输入"10"，在"下切间隙"文本框中输入"5"，单击"计算"按钮。

② 在"轮毂精加工"对话框中按图 7-31 所示设置参数。

③ 选择"刀轴仰角"→"轮毂法线"选项。

④ 选择"加工"选项，切削方向选择"任意"选项。

⑤ 激活选择上面创建的刀具。

⑥ 选择"切入切出和连接"选项，"切入""切出"都选择"无"选项，"连接"选择"圆形圆弧"选项，在"距离"文本框中输入"50"。

⑦ 选择"自动检查"选项，在"夹持间隙"文本框中输入"0.1"，在"刀柄间隙"文本框中输入"0.1"。

⑧ 进给和转速设置如图 7-32 所示。

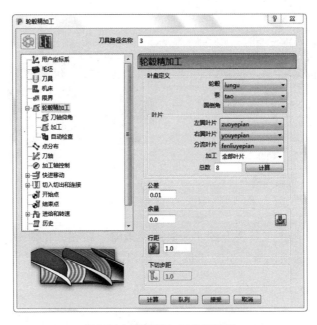

图 7-31　轮毂精加工参数设置

⑨ 单击"轮毂精加工"对话框最下方的"计算"按钮。

⑩ 得出如图 7-33 所示的刀具路径。

图 7-32　进给和转速设置

图 7-33　轮毂精加工刀具路径

案例 3　大力神杯五轴数控加工编程案例

一、案例背景

大力神杯是足球世界杯的奖杯，是足球界最高荣誉的象征。大力神杯高 36.8cm，重 6.175kg，其中包括 4.97kg 的 18K 黄金，底座镶有两圈墨绿色的孔雀石。

整个奖杯看上去就像两个大力士托起了地球，因此被称为"大力神金杯"。线条从底座跃出，盘旋而上，到顶端承接着一个地球。在这个充满动态的、紧凑的杯体上，雕刻出两个胜利后激动的运动员形象。

二、大力神杯数控编程案例演示

加工任务概述：本任务加工的大力神杯原始模型如图 7-34 所示，直径为 14.9mm，高度为 40mm，材质为 738H。

工艺方案：此工件装夹采用自定心卡盘（图 7-35）。

图 7-34 大力神杯原始模型

图 7-35 自定心卡盘

编程采用定位五轴四面先开粗，然后采用螺旋精加工半精顶部、直线投影精加工半精全部，考虑后面会用到小刀精光，用小刀进行残留区域清除，最后用小刀直接采用直线投影精加工精光全部，顶部直接采用螺旋精加工精光一次。加工程序单见表 7-4。

表 7-4 加工程序单

工序	加工内容	策略	刀具	切削进给率/（mm/min)	余量（径/轴)/mm	主轴转速/（r/min)	加工时间/（h：min：s)
1	0°开粗	模型区域清除	E4-L11-H20	4000	0.2/0.15	10000	00：03：34
2	180°开粗	模型区域清除	E4-L11-H20	4000	0.2/0.15	10000	00：03：32
3	90°开粗	模型残留区域清除	E4-L11-H20	4000	0.2/0.15	10000	00：03：20
4	270°开粗	模型残留区域清除	E4-L11-H20	4000	0.2/0.15	10000	00：02：52
5	半精	螺旋精加工	B4-L8-H20（7)-T7	4800	0.08/0.08	22000	00：00：23
6	半精	直线投影精加工	B4-L8-H20（7)-T7	4800	0.08/0.08	22000	00：02：28
7	90°开粗	模型残留区域清除	B2-L5-SD4-H22	1800	0.2/0.15	22000	00：00：12
8	270°开粗	模型残留区域清除	B2-L5-SD4-H22	1800	0.2/0.15	22000	00：00：15
9	精光	直线投影精加工	B2-L5-SD4-H22	1800	0/0	22000	00：07：10
10	精光	螺旋精加工	B2-L5-SD4-H22	4800	0/0	22000	00：00：23

1. 创建用户坐标系（图 7-36）

单击主工具栏上的"毛坯"按钮，在"毛坯"对话框中选择"世界坐标系"选项，全选模型后单击"计算"按钮，再修改部分数值，如图 7-36a 所示。

单击 PowerMill 界面左下方的"产生新的用户坐标系"按钮，再单击"使用毛坯定义坐标系"按钮，选中如图 7-36b 所示的点。

a)

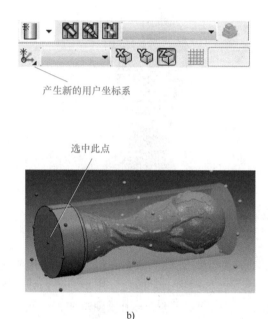

产生新的用户坐标系

选中此点

b)

图 7-36　创建用户坐标系的步骤

2. 创建编程坐标系（图 7-37）

双击激活产生的坐标系 1（指示线 1），隐藏模型，得出指示线 2 处的坐标系。

右击坐标系 1（指示线 3），选择"复制用户坐标系"选项（指示线 4），激活刚复制的坐标系并右击，选择"用户坐标系编辑器"选项（指示线 5），在弹出的工具栏上单击指示线 6 处的"绕 Y 轴旋转"按钮，在"旋转"文本框中输入"90.0"（指示线 7），单击指示线 8 处的"√"按钮，右击生成的坐标系，重新命名为"侧 1"（指示线 9），复制"侧 1"坐标系，按上面操作生成绕 X 轴旋转 180° 的坐标系，命名为"侧 2"，复制"侧 2"坐标系，再次生成绕 X 轴旋转 90° 的坐标系，命名为"侧 3"，最后复制"侧 3"坐标系，再次生成绕 X 轴旋转 180° 的坐标系，命名为"侧 4"，即指示线 10 处的坐标系。

3. 开粗-正面

（1）创建毛坯　如图 7-38 所示，单击主工具栏上的"毛坯"按钮（指示线 1），在"由…定义"下拉列表框中选择"圆柱"选项（指示线 2），在"毛坯"下拉列表中选择"世界坐标系"选项（指示线 2），全选模型（指示线 3），单击"计算"按钮（指示线 4），再修改部分数值（指示线 5），单击"接受"按钮（指示线 6）。

创建好的毛坯如图 7-39 所示。

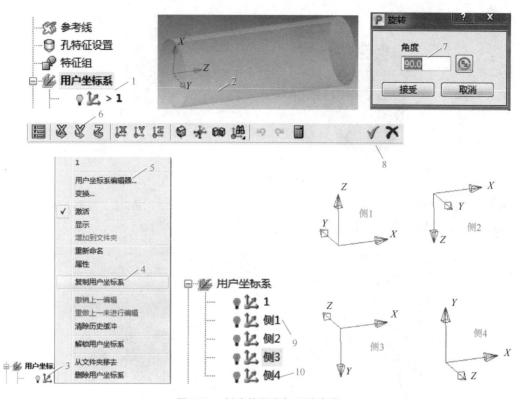

图 7-37 创建编程坐标系的步骤

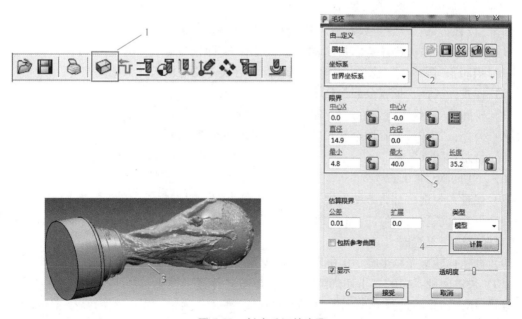

图 7-38 创建毛坯的步骤

图 7-39　创建好的毛坯

（2）选取策略　在主工具栏上单击"刀具路径策略"按钮，弹出"策略选取器"对话框，选择"3D 区域清除"→"模型区域清除"选项，如图 7-40 所示。

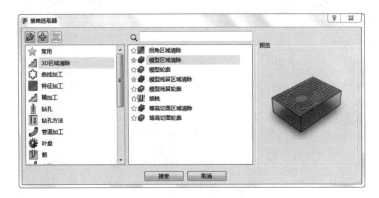

图 7-40　"策略选取器"对话框

（3）设置参数　设置参数如图 7-41、图 7-42 所示。

1）用户坐标系：选择坐标系"侧 1"；毛坯：前面已经创建，注意检查；刀具：选择"E4-L11-H20"；限界：勾选"最小"复选框，并在文本框中输入"2"。

2）样式：选择"偏置全部"选项。

3）轮廓："顺铣"；区域："顺铣"。

4）公差："0.03"；径向余量："0.2"；轴向余量："0.15"。

5）行距："1.8"。

6）下切步距："0.12"。

7）偏置：勾选"移去残留高度"→"先加工最小的"复选框。

8）不安全段移去：勾选"移去小于分界值的段"复选框，分界值"0.8"，勾选"仅移去闭合区域段"复选框。

9）高速：轮廓光顺半径"0.06"；赛车线光顺"16"。

10）快进间隙："10"；下切间隙："5"；单击"计算"按钮。

11）切入：第一选择"斜向"，沿着"圆"，最大左倾角"2"，斜向高度"0.2"；切出：第一选择"水平圆弧"，线性移动"0.0"，角度"45"，半径"0.5"；连接：第一选择"掠过"。

12）主轴转速："8000"；切削进给率："2900"；下切进给率："1450"。

图 7-41 参数设置 1

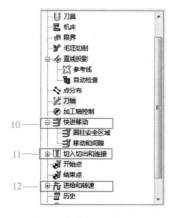

图 7-42 参数设置 2

（4）生成刀具路径 单击"模型区域清除"对话框下方的"计算"按钮，生成第一条开粗刀具路径，如图 7-43 所示。

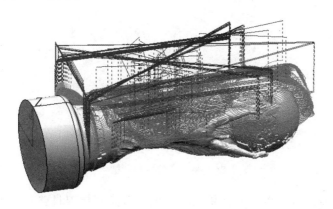

图 7-43 生成的正面开粗刀具路径

4. 开粗-反面

在上一条刀具路径的设置界面的左上方单击"基于此刀具路径产生一新的刀具路径"按钮，部分参数更改如下：

1）用户坐标系选择"侧 2"选项。

2）选择"快进移动"选项。"快进移动"对话框如图 7-44 所示，用户坐标系选择"侧2"，单击下方的"计算"按钮，生成如图 7-45 所示的刀具路径。

图 7-44 "快进移动"对话框

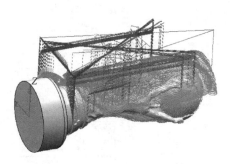

图 7-45 生成的反面开粗刀具路径

5. 残留开粗

保证毛坯还在的情况下，在左侧的资源管理器上右击"残留模型"选项，选择"产生残留模型"选项，参数设置如图 7-46 所示，按〈Shift〉键全选上面两面的开粗刀具路径并右击，选择"增加到"→"残留模型"选项，计算出残留模型，然后右击刚生成的残留模型1，选择"计算"选项。

图 7-46 产生残留模型

生成的残留模型如图 7-47 所示。依次在上面的两条开粗刀具路径设置界面单击"基于此刀具路径产生一新的刀具路径"，部分参数更改如下：

1）单击"残留加工"复选按钮，如图 7-48 所示。

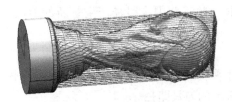

图 7-47 生成的残留模型

图 7-48 单击"残留加工"复选按钮

2）坐标系依次更改为"侧3"和"侧4"。

3）检测材料厚于："0.05"；扩展区域："1"。

4）限界：在"最小"文本框中输入"-1"。

5）快进间隙："10"；下切间隙："5"；单击"计算"按钮。

单击"计算"按钮，使用"侧3"坐标系创建如图7-49所示的刀具路径，使用"侧4"坐标系创建如图7-50所示的刀具路径。

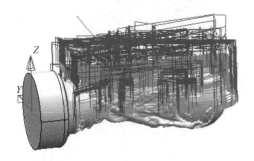 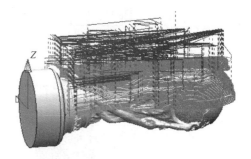

图7-49　"侧3"坐标系创建的刀具路径　　　图7-50　"侧4"坐标系创建的刀具路径

6. 半精和残留开粗

（1）半精顶部（螺旋精加工）

1）选取策略。在主工具栏上单击"刀具路径策略"按钮，弹出"策略选取器"对话框，选择"精加工"→"螺旋精加工"选项，如图7-51所示。

图7-51　选取螺旋精加工策略

2）设置参数。螺旋精加工的参数按图7-52所示进行设置。

①用户坐标系：选择坐标系"1"；毛坯：默认前面刀具路径的毛坯，注意检查；刀具：选择"B4-L8-H20（7）-T7"。限界：选择"刀具中心限制在毛坯边缘"选项。

②参数设置如图7-52所示。

③公差："0.02"；方向：选择"顺时针"选项。

④余量："0.08"；行距："0.12"。

⑤刀轴：选择"垂直"选项。

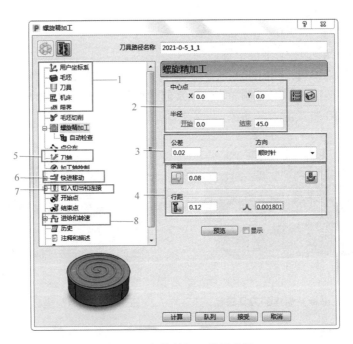

图 7-52　螺旋精加工设置参数

⑥ 安全区域类型：选择"圆柱"选项；快进间隙："10"；下切间隙："5"；单击"计算"按钮。

⑦ 切入：第一选择"水平圆弧"，线性移动"0.0"，角度"60"，半径"0.5"；切出：第一选择"水平圆弧"，线性移动"0.0"，角度"60"，半径"0.5"；连接：第一选择"圆形圆弧"，应用约束距离"10.0"。

⑧ 主轴转速："20400"；切削进给率："3825"；下切进给率："1913"。

单击"计算"按钮，生成的螺旋精加工刀具路径如图 7-53 所示。

图 7-53　螺旋精加工刀具路径

（2）半精全部（直线投影精加工）

1）选取策略。在主工具栏上单击"刀具路径策略"按钮，弹出"策略选取器"对话框，选择"精加工"→"直线投影精加工"选项，如图 7-54 所示。

2）设置参数。直线投影精加工的参数按图 7-55 所示进行设置。

① 用户坐标系：选择坐标系"1"；毛坯：默认前面刀具路径的毛坯，注意检查；刀具：选择"B4-L8-H20（7）-T7"。

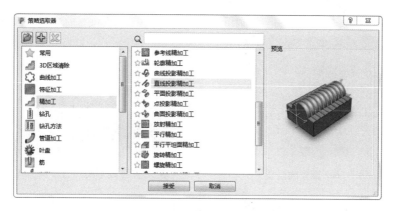

图 7-54　选取直线投影精加工策略

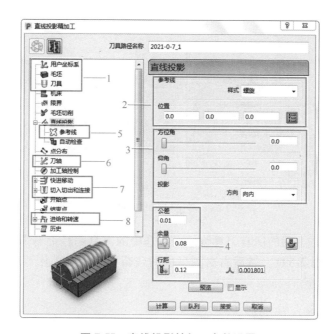

图 7-55　直线投影精加工参数设置

② 按如图 7-55 所示进行参数设置。

③ 方位角和仰角均为 "0.0"，投影方向：选择 "向内" 选项。

④ 公差："0.01"；余量："0.08"；行距："0.12"。

⑤ 按如图 7-56 所示进行设置。

⑥ 刀轴固定角度：选择 "仰角" 选项，在文本框中输入 "30"。

⑦ 安全区域类型选择 "圆柱" 选项，快进间隙 "10"，下切间隙 "5"，单击 "计算" 按钮；切入：第一选择 "水平圆弧"，线性移动 "0.0"，角度 "60"，半径 "0.5"；切出：第一选择 "水平圆弧"，线性移动 "0.0"，角度 "60"，半径 "0.5"；连接：第一选择 "圆形圆弧"，应用约束距离 "10.0"。

⑧ 主轴转速："20400"；切削进给率："3825"。

单击"计算"按钮，生成的刀具路径如图 7-57 所示。

图 7-56　参考线设置

图 7-57　直线投影精加工半精刀具路径

（3）小刀残留开粗　保证毛坯还在的情况下，在左侧的资源管理器上右击"残留模型"选项，选择"产生残留模型"选项，参数设置如图 7-58 所示，最后单击"接受"按钮。

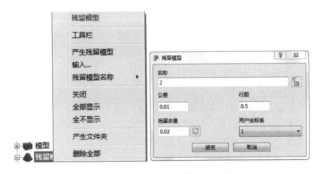

图 7-58　产生残留模型设置 1

按〈Shift〉键全选上面的所有刀具路径，在选中的刀具路径上右击，选择"增加到"→"残留模型"选项（图 7-59）。然后右击刚生成的残留模型 2，单击"计算"按钮。得出如图 7-60 所示的残留模型。

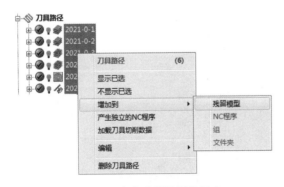

图 7-59　产生残留模型设置 2

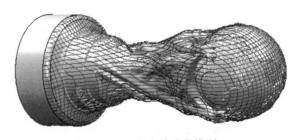

图 7-60　产生的残留模型

分别右击"侧 3"和"侧 4"坐标系的模型残留区域清除开粗刀具路径，并在设置界面单击左上方的"基于此刀具路径产生一新的刀具路径"，部分参数更改如下：

1）刀具更改为"B2-L5-SD4-H22"。

2）残留模型选择"残留模型2"；检测材料厚于："0.05"；扩展区域："0.5"。

3）公差："0.03"；径向余量："0.2"；轴向余量："0.15"；行距："0.7"；下切步距："0.068"。

4）主轴转速："20400"；切削进给率："1530"。

单击"计算"按钮，得出如图7-61和图7-62所示的两条刀具路径。

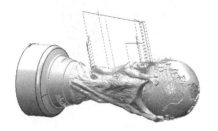

图7-61　"侧3"坐标系残留开粗

图7-62　"侧4"坐标系残留开粗

7. 精光

（1）精光全部（直线投影精加工）　在上一条直线投影精加工刀具路径设置界面的左上方单击"基于此刀具路径产生一新的刀具路径"按钮，部分参数更改如下：

1）刀具更改为"B2-L5-SD4-H22"。

2）公差："0.02"，余量："0.0"；行距："0.06"。

3）主轴转速："21250"；切削进给率："2550"。

单击"计算"按钮，得出如图7-63所示的刀具路径。

图7-63　直线投影精加工精光全部刀具路径

（2）精光顶部（螺旋投影精加工）　在上一条螺旋精加工刀具路径设置界面的左上方单击"基于此刀具路径产生一新的刀具路径"按钮，部分参数更改如下：

1）刀具更改为"B2-L5-SD4-H22"。

2）公差："0.01"；余量："0.0"；行距："0.05"。

3）主轴转速："21250"；切削进给率："2550"。

4）按如图7-64所示，修改Z限界。

单击"计算"按钮，得出如图7-65所示的刀具路径。

图7-64　修改Z限界

图7-65　螺旋精加工精光顶部刀具路径

8. 模拟仿真

调取 ViewMill 工具栏，对所有输出的刀具路径进行仿真模拟（图 7-66）。

可以使用 VERICUT 软件进行机床仿真模拟，这里就不再陈述，可以课后探讨实操。

图 7-66　仿真模拟

案例 4　塑胶模具模架非标零件数控加工编程案例

一、案例背景

模架因其严格的装配要求，无论在工艺排布上，还是在编程技巧上都与一般的小镶件有所区别。模架零件有很多，需要有一定的工艺支撑，零件组装后才能满足模具的注塑要求。为了让学生全面了解模具的编程工艺，除了一些小镶件的编程，模架的编程也是比较重要的一部分。图 7-67 所示为模板 A 板。

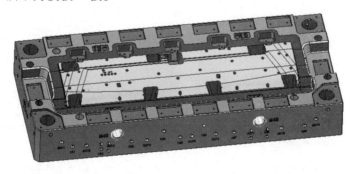

图 7-67　模板 A 板

1. 模架加工基准

模具的模架加工要考虑模架各个板块的配合关系和加工误差，通过加工基准的设定以及分中碰数的方式来保证模架的整体精度。模架的分中方式为 XY 四面分中，其 Z 基准的设定如图 7-68 所示。

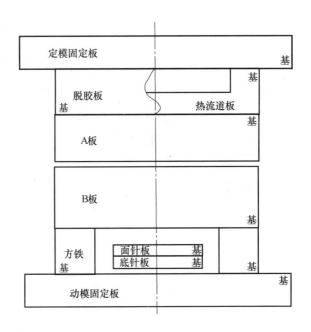

图 7-68　模架加工基准

2. A 板加工特征

因为 A 板型腔需要四面分中加工，如果四个面的垂直度不好，就会严重影响最后的加工精度，因此，在精加工型腔之前一定要保证四个面的垂直度。因为磨床很多时候无法加工 A 板的四个侧面，因此只能放在大型卧式机床上进行加工。

模架的加工特征很多，包括导套孔、导柱孔、复位杆孔、水路、针孔、耐磨块、吊环孔、密封圈、铭牌槽、避空孔、螺纹孔等，每个特征的加工公差都不一样，加工用刀也不一样，涉及的刀具也是最多的，工艺也很复杂。

（1）侧面加工特征　加工特征包括水路、水嘴喉牙、吊环孔、字码、铭牌槽、倒角（图 7-69）。

垂直度：使用最大的刀粒圆盘铣刀对模型的四个侧面在卧式加工机床用平面精加工策略按平面走刀方式加工，以加工的侧面的最低点位置为 Z 坐标零点，X 方向两侧面分中为零，Y 以工件底面为零，要求现场把工件坐标 XY 平面加工到该面的最低值即可，就是把 $Z=0$ 的面铣平整，如图 7-70 所示。

侧面铣孔：坐标设定与侧面铣垂直度一致，可加工如吊环孔、字码、水路等特征（图 7-71）。

（2）底面加工特征　加工特征包括水路、水嘴喉牙、密封圈、中托司孔、斜顶杆孔、弹簧孔、螺纹孔等（图 7-72）。

193

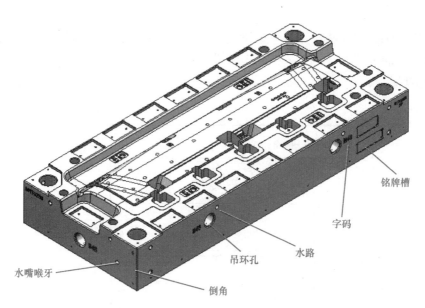

铭牌槽

字码

水路

吊环孔

水嘴喉牙

倒角

图 7-69　A 板侧面加工特征

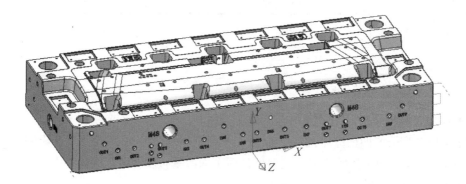

图 7-70　A 板侧面铣垂直度

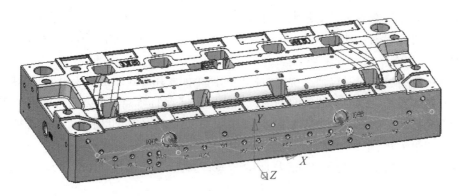

图 7-71　A 板侧面铣孔

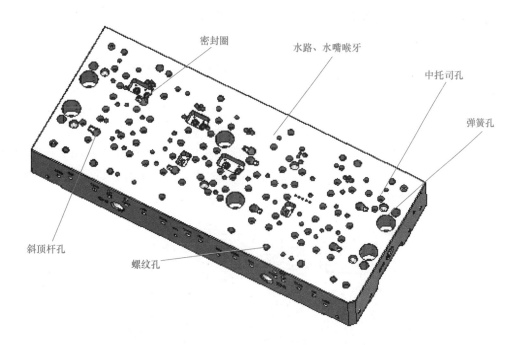

图 7-72　A 板底面加工特征

（3）顶面加工特征　加工特征包括胶位面、封胶面、耐滑块槽、镶件槽、导柱孔、复位杆孔、基准孔、顶针孔、螺纹孔、避空孔、日期章孔、斜顶槽（图 7-73）。

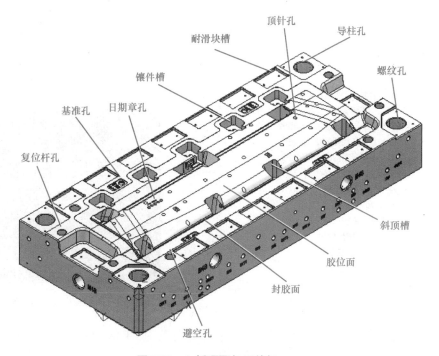

图 7-73　A 板顶面加工特征

二、导柱（套）孔数控加工编程案例演示与分析

1. 导柱（套）孔加工要求

1）导柱孔：尺寸极限偏差（下极限偏差为 0.005mm，上极限偏差为 0.015mm），位置极限偏差为±0.02mm，精光时使用镗孔策略镗刀加工。

2）导套孔：尺寸极限偏差（下极限偏差为−0.015mm，上极限偏差为 0.005mm），位置极限偏差为±0.02mm，开粗时要保证余量，精光时使用镗刀加工。

导柱（套）孔（图 7-74）：因为精度的原因，加工时开粗到小于 1mm（一般开粗到 0.3mm），然后用粗镗刀进行粗镗，再用精镗刀精镗。镗刀由现场操作者手动调整直径，编程只需要给一条程序即可。

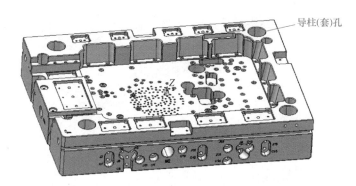

图 7-74　A 板顶面导柱（套）孔特征

2. 导柱（套）孔编程思路

如图 7-75 所示，加工导套孔时，直接从顶面铣削下去，产生的刀具路径如图 7-76 所示。

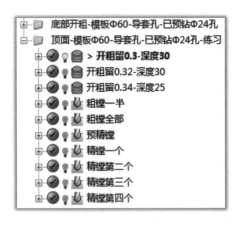

图 7-75　导套孔编程

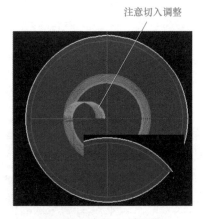

图 7-76　产生的刀具路径

1）直接使用等高策略开粗，切入选择"斜向"，加工深度依次为 0 ~ 30mm、29.5 ~ 60mm、59.5~85mm，注意深度要超出孔特征深度的 2mm（还要除去刀具 R 值）。

2）使用粗镗刀和粗镗模式，先镗孔的一半，以避免时间过长。

3）最后用粗镗刀直接镗到比底部特征深度还要深3mm。

4）使用精镗刀和精镗模式，先预精镗一个 20mm 深的孔，通过试加工减少后面修刀。

5）先精镗一个孔测量合格后再精镗下一个，减少重复加工，提高效率。

提问：为什么用等高策略？

答：可以用开粗策略，但考虑加工效率就选用一刀铣削的等高策略，因为已经有预钻孔，等高策略开粗要用斜向切入。

图 7-77 所示为本次编程的四个导套孔，此四个孔的深度都是 160mm，孔的直径是 60mm，需要用到 D32R3 的开粗刀具进行开粗。因为刀具伸出过长，因此需要两面加工（就是两次装夹加工）。因为直接铣削容易出现排屑不良，因此还需要预钻孔，钻 ϕ24mm 的通孔。然后从底部用 D32R3 的开粗刀具进行等高开粗（具体操作参考正面的操作）。等高开粗到 -90mm 深度，考虑开粗过程容易因排屑不良出现挤刀从而导致刀具报废，因此需要分 3 层进行加工，设置毛坯高度为一个刀具直径大小。得出的刀具路径如图 7-78 和图 7-79 所示。

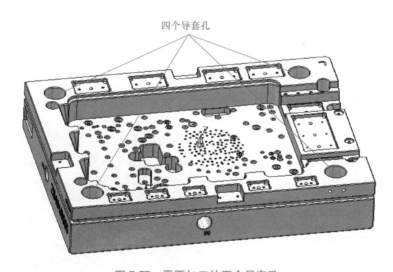

图 7-77 需要加工的四个导套孔

图 7-78 分层加工的 3 条等高开粗刀具路径

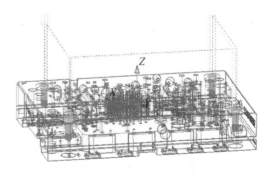

图 7-79 线框模型下分层加工的等高开粗刀具路径

3. 正面编程

（1）等高开粗1（深度 Z 范围 $130 \sim 160$mm）

1）创建边界。先选取如图 7-80 所示正面的顶部平面，右击资源管理器的"边界"选项，选择"定义边界"→"用户定义"选项，如图 7-81 所示。

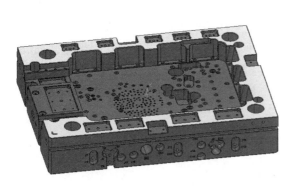

图 7-80　选取顶部平面　　　　　　　　　　图 7-81　用户定义边界设置 1

如图 7-82 所示，单击"模型"按钮，然后单击"接受"按钮。在"查看"工具栏上隐藏显示模型，删除多余的边界，得出如图 7-83 所示的四个封闭的圆形边界。

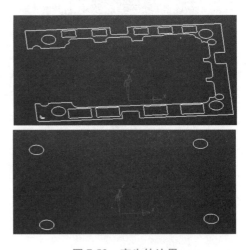

图 7-82　用户定义边界设置 2　　　　　　　图 7-83　产生的边界

2）创建毛坯。XY 以工件四面进行分中、且 Z 以工件底面为零创建坐标系，并命名为"2"。激活刚才创建的边界，单击主工具栏上的"毛坯"按钮，如图 7-84 所示，在"毛坯"对话框中的"由...定义"下拉列表框中选择"边界"选项，"坐标系"下拉列表框中选择"激活用户坐标系"选项，选取如图 7-85 所示一个孔的面，单击"计算"按钮，按如图 7-84 所示更改"Z"数值，最后单击"接受"按钮。在"查看"工具栏上隐藏显示模型，得出如图 7-86 所示的毛坯。

图 7-84 "毛坯"对话框

图 7-85 选取一个孔的面

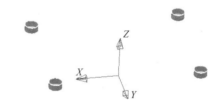

图 7-86 生成的毛坯

3）选取策略。选取等高精加工策略，单击"接受"按钮（图 7-87）。

图 7-87 选取等高精加工策略

4）设置参数。参数按图 7-88 和图 7-89 所示进行设置。

199

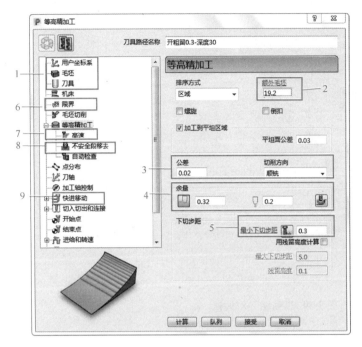

图 7-88　等高精加工设置参数 1　　　　图 7-89　等高精加工设置参数 2

① 用户坐标系：选择坐标系"2"；毛坯：默认选用刚才创建的毛坯，注意检查；刀具：选择"D32R3-L70-H100-C-T3"。

② 额外毛坯："19.2"。

③ 公差："0.02"；切削方向：选择"顺铣"选项。

④ 径向余量："0.32"；轴向余量："0.2"。

⑤ 最小下切步距："0.3"。

⑥ 限界：选择刚才创建的边界。

⑦ 勾选"修圆拐角"复选框，半径"0.06"。

⑧ 不安全段移去：勾选"移去小于分界值的段"复选框；分界值："0.8"；勾选"仅移去闭合区域段"复选框。

⑨ 下切间隙："101"；快进间隙："1"；快进高度："261"；下切高度："161"。

⑩ 切入：第一选择"斜向"，沿着"圆"，圆直径"0.4"，最大左倾角"2"，斜向高度"相对"，高度"0.7"，单击"接受"按钮；切出：第一选择"水平圆弧"，线性移动"0.0"，角度"45"，半径"1.6"；连接：第一选择"掠过"，应用约束距离"40"。

⑪ 主轴转速："1500"；切削进给率："3000"；下切进给率："1500"；冷却：选择"吹气"选项。

5）生成刀具路径。单击"计算"按钮，得出如图 7-90 所示的刀具路径。

（2）等高开粗 2（深度 Z 范围 100～130.5mm）　如图 7-91 所示，在上一条刀具路径设置界面单击左上方的"基于此刀具路径产生一新的刀具路径"按钮，在弹出的对话框中按如图 7-92 所示设置参数，单击"计算"按钮，得出如图 7-93 所示的刀具路径。

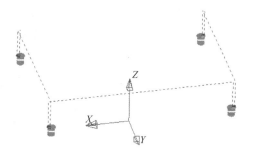

图 7-90 等高开粗刀具路径

图 7-91 "基于此刀具路径产生
一新的刀具路径"按钮

图 7-92 毛坯设置参数 1

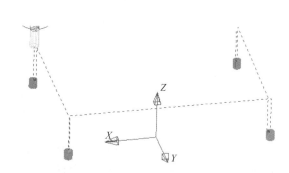

图 7-93 生成的第二条等高开粗刀具路径

（3）等高开粗 3（深度 Z 范围 85~100.5mm） 在上一条刀具路径设置界面单击左上方的"基于此刀具路径产生一新的刀具路径"按钮，在弹出的对话框中按图 7-94 所示进行参数设置，修改刀具为"D32R3-L120-H130-C-T4"，单击"计算"按钮，得出如图 7-95 所示的刀具路径。

图 7-94 毛坯设置参数 2

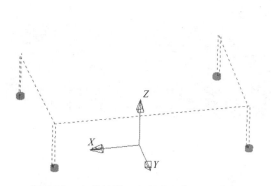

图 7-95 生成的第三条等高开粗刀具路径

（4）粗镗一半

1）测量孔深。可以通过毛坯设置来间接测量，也可以用光标移动，通过查看状态栏的
数值变换计算出具体深度。选取孔的面，单击主工具栏
的"毛坯"按钮，在"毛坯"对话框中单击"计算"
按钮，得出孔毛坯的 Z 长度为 145mm（图 7-96），考虑
镗刀底部有 R0.2mm，所以将钻孔深度定为 150.2mm。

2）选取策略。选取镗孔策略，单击"接受"按钮
（图 7-97）。

限界			
	最小	最大	长度
X	-376.9990	406.9990	783.9980
Y	-287.0	286.9960	573.9960
Z	15.0	160.0	145.0

图 7-96　孔毛坯的 Z 长度

图 7-97　选取镗孔策略

如图 7-98 所示，选取孔的侧面（注意不要选取倒角面），然后在弹出的"镗孔"对话
框的左侧选择"孔"选项，就弹出如图 7-99 所示的设置界面，单击下方的"产生特征"
按钮。

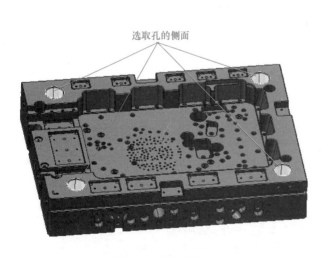

图 7-98　选取孔的侧面

图 7-99　产生特征

3）编辑特征。在"查看"工具栏上单击取消显示模型，取消激活边界，全选产生的特

征，在特征上右击然后再选择"编辑孔"选项，弹出如图 7-100 所示的"编辑孔"对话框，在"孔位置"文本框中将"158.0"改为"160.0"，在"深度"文本框中将"143.0"改为"150.2"。产生的孔特征如图 7-101 所示。

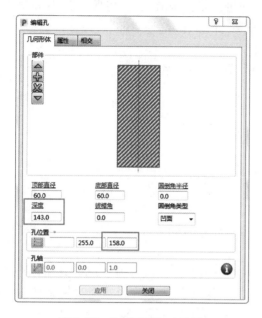

图 7-100 "编辑孔"对话框

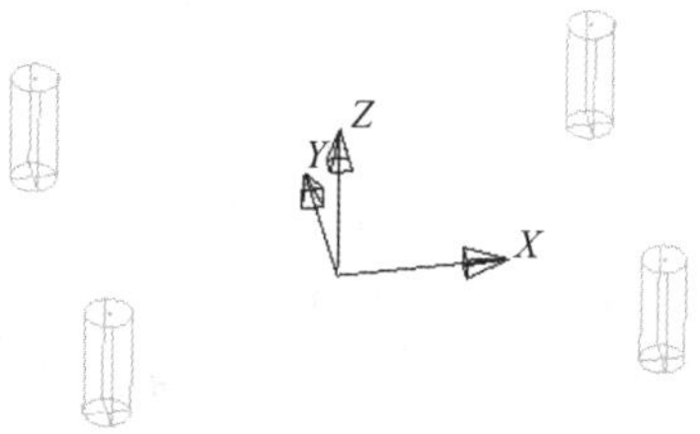

图 7-101 产生的孔特征

4）设置参数。设置镗孔参数如图 7-102 所示。

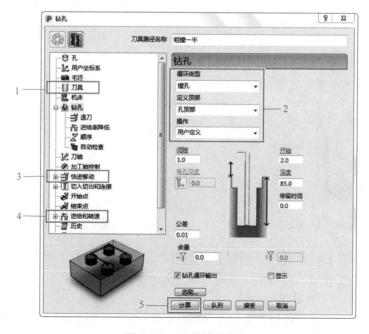

图 7-102 设置镗孔参数

① 刀具：选择"T59.8-H197-C-T5"。

② 循环类型：选择"镗孔"选项；定义顶部：选择"孔顶部"选项；操作：选择"用户定义"选项。

③ 下切间隙："101"；快进间隙："1"；快进高度："261"，下切高度："161"。

④ 主轴转速："453"；切削进给率："138"；下切进给率："69"；冷却：选择"通过"选项。

⑤ 单击"计算"按钮，得到如图7-103所示的刀具路径。

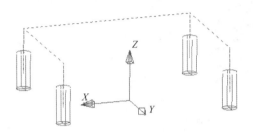

图7-103　粗镗一半深度的刀具路径

（5）粗镗全部　在上一条刀具路径设置界面单击左上方的"基于此刀具路径产生一新的刀具路径"按钮，修改"操作"由选择"用户定义"选项改为选择"钻到孔深"选项（图7-104），单击"计算"按钮，得出如图7-105所示的刀具路径。

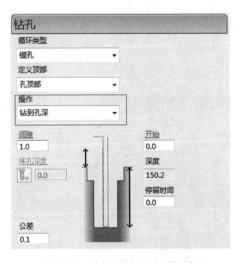

图7-104　选择"钻到孔深"选项

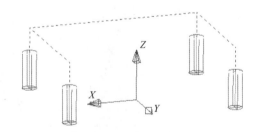

图7-105　粗镗全部深度的刀具路径

（6）预精镗　在上一条刀具路径设置界面单击左上方的"基于此刀具路径产生一新的刀具路径"按钮，在弹出的对话框中设置精镗参数（图7-106）。

1）刀具：选择"T60-H197-J-T1"。

2）循环类型：选择"精镗"选项；定义顶部：选择"孔顶部"选项；操作：选择"用户定义"选项。

3）开始："2.0"；深度："20.0"；停留时间："0.0"。

4）下切间隙："101"；快进间隙："1"；快进高度："261"；下切高度："161"。

5）主轴转速："451"；切削进给率："49"；下切进给率："24"。

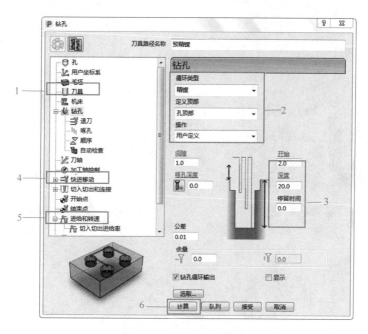

图 7-106　设置精镗参数

6）选取其中一个孔特征，如图 7-107 所示，然后单击图 7-106 所示"计算"按钮，生成如图 7-108 所示的刀具路径。

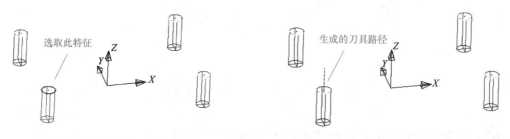

图 7-107　选取其中一个孔特征　　　　　图 7-108　生成该孔的预精镗刀具路径

（7）精镗全部　在上一条刀具路径设置界面单击左上方的"基于此刀具路径产生一新的刀具路径"按钮，修改"操作"由选择"用户定义"选项改为选择"钻到孔深"选项（图 7-109），单击"计算"按钮，得出如图 7-110 所示的刀具路径。

（8）分割精镗刀具路径　因为现场为了保证加工质量是逐个孔进行精镗的，编程时输出的是单个孔的 NC 程序，所以有必要对精镗的刀具路径进行拆分。

右击精镗刀具路径，选择"编辑"选项，然后选择"复制刀具路径"选项，依次复制成 4 条一样的刀具路径，然后调取"刀具路径"工具栏，单击"删除刀具路径"按钮对每条刀具路径进行删减，保证每条刀具路径能够加工所对应的孔。精镗每个孔的单独刀具路径如图 7-111 所示。

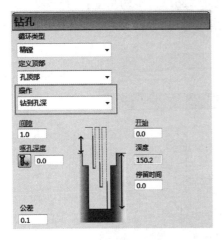

图 7-109　选择"钻到孔深"选项

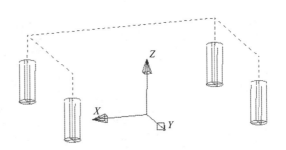

图 7-110　精镗全部深度的刀具路径

图 7-111　精镗每个孔的单独刀具路径

三、模架 A 板内框数控加工编程案例演示与分析

1. 内框加工要求

基准侧的两侧壁有精度要求，确保在±0.01mm 内，需要配锣（图 7-112）。

2. 内框加工编程思路

模架内框的基准两面需要精光配锣，因为模型比较大，加工时间很长，所以需要试加工以提高现场加工效率，如图 7-113 所示。

1）模架都是开粗过的，按外协要求要开粗留 0.3mm，所以内部可以直接半精，为了提高效率和保证刀具路径安全，先走侧面，底面部件余量 1mm。

2）用等高策略对侧面拐角进行清角。

3）底部用平面加工策略进行半精，多走几刀，最后用山特维特刀具精光平面。

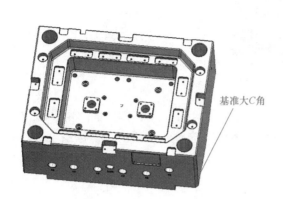

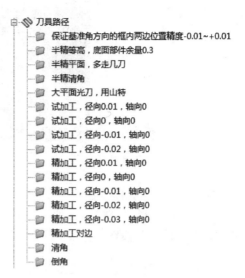

图 7-112 模架 A 板内框 ・ ・ ・ ・ ・ ・ 图 7-113 模架 A 板内框编程刀具路径

4）对基准两面进行试加工，径向余量依次为 0.01mm、0mm、-0.01mm、-0.02mm、-0.03mm。

5）最后根据试切余量生成对应余量完整的刀具路径。

6）对其他特征常规精光，清角即可。

3. 编程过程

（1）等高半精侧壁 零件是四面分中加工的，底部 Z 为零。模架的内框是由外部厂家开粗的，厂家开粗预留多少余量是有规定的，若开粗不达标，则直接加工底部平面会有踩刀的风险，而且侧壁可能余量过大也会对刀具产生干涉（图 7-114），如果加大余量进行二次开粗，将浪费时间。综合考虑，我们先对零件侧壁进行等高半精。

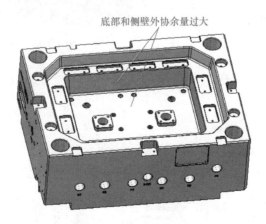

图 7-114 外协余量过大

1）创建毛坯。XY 以工件四面进行分中且 Z 以工件底面为零创建坐标系，并命名为 "1"。在 "查看" 工具栏上单击 "多色阴影" 按钮，选取模型显示偏白色的面，如图 7-115 所示，包括倒角面和底部的 R 角面。

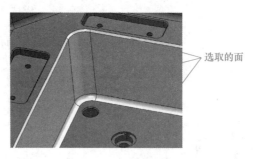

图 7-115　选取的面

单击主工具栏上的"毛坯"按钮，如图 7-116 所示，在"毛坯"对话框中的"由... 定义"下拉列表框中选择"方框"选项，"坐标系"下拉列表框中选择"激活用户坐标系"选项，然后单击"计算"按钮，生成如图 7-117 所示的毛坯。

图 7-116　"毛坯"对话框

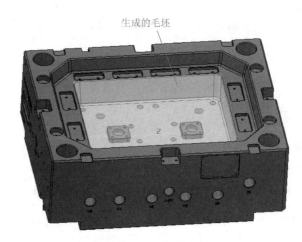

图 7-117　生成的毛坯

2）选取策略。在主工具栏上单击"刀具路径策略"按钮，选取等高精加工策略（图 7-118）。

图 7-118　选取等高精加工策略

3）设置参数。等高精加工的参数按图 7-119~图 7-122 所示进行设置。

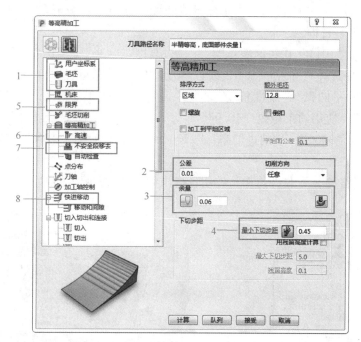

图 7-119　等高精加工设置参数 1

① 用户坐标系：选择坐标系"1"；毛坯：默认选用刚才创建的毛坯，注意检查；刀具：选择"D32R2-L120-H120-戴杰-T1"。

② 公差："0.01"；切削方向：选择"任意"选项。

③ 余量："0.06"；部件余量：如图 7-120 所示，选择框内底部平面，单击"部件余量"按钮，操作步骤如图 7-121 所示。

④ 最小下切步距："0.45"。

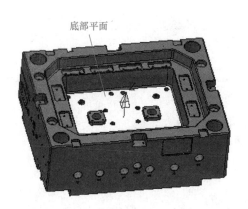

图 7-120　等高精加工设置参数 2

⑤ 单击"允许刀具中心在毛坯之外"。

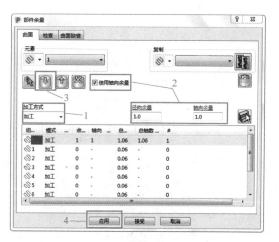

图 7-121　等高精加工设置参数 3

⑥ 高速：勾选"修圆拐角"复选框，半径"0.086"。

⑦ 不安全段移去：勾选"移去小于分界值的段"复选框；分界值："0.8"；勾选"仅移去闭合区域段"复选框。

⑧ 下切间隙："101"；快进间隙："1"；快进高度："436"；下切高度："336"。

⑨ 切入：第一选择"水平圆弧"，线性移动"0.0"，角度"60.0"，半径"1.0"；切出：第一选择"水平圆弧"，线性移动："0.0"，角度"60.0"，半径"1.0"；连接：第一选择"圆形圆弧"，应用约束距离"10.0"。

⑩ 主轴转速："3400"；切削进给率："2700"；下切进给率："1890"；冷却：选择"标准"选项。

4）生成刀具路径。单击"计算"按钮，得出如图 7-123 所示的刀具路径。

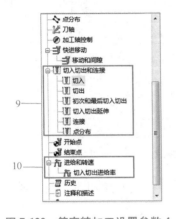

图 7-122 等高精加工设置参数 4

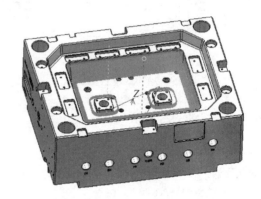

图 7-123 等高精加工刀具路径

（2）半精清角（等高精加工）

1）创建边界。在资源管理器上右击"边界"选项，选择"定义边界"→"残留"选项（图 7-124a），在弹出的"残留边界"对话框中，按如图 7-124b 所示设置参数，最后单击"应用"按钮。

a)

b)

图 7-124 残留边界

2）生成刀具路径。在上一条刀具路径设置界面单击左上方的"基于此刀具路径产生一新的刀具路径"按钮，其他参数不变，修改刀具为"D20R3-L80-H100-T2"，选择"限界"选项，选择刚才创建的边界，最后单击"计算"按钮，得出如图 7-125 所示的刀具路径。

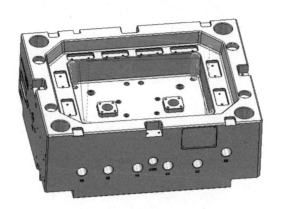

图 7-125　等高精加工残留刀具路径

（3）半精平面（多重切削）

1）毛坯创建。双击激活前面做好的等高清角刀具路径，再选取新的策略，这样下一条刀具路径就会自动继承上一条刀具路径的毛坯。

2）选取等高切面区域清除策略。单击"刀具路径策略"按钮，弹出"策略选取器"对话框，选择"3D 区域清除"→"等高切面区域清除"选项，如图 7-126 所示。

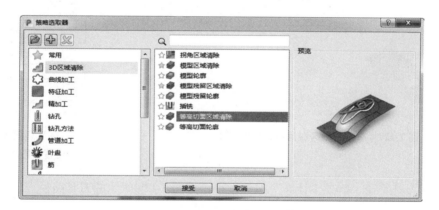

图 7-126　选取等高切面区域清除策略

3）设置参数。等高切面区域清除的参数按图 7-127 和图 7-128 所示进行设置。

① 用户坐标系：选择坐标系"1"；毛坯：默认参考上一条刀具路径；刀具：选择"D32R2-L120-H120-戴杰-T1"。

② 等高切面：选择"平坦面"选项。

③ 样式：选择"平行"选项。

④ 切削方向：轮廓选择"顺铣"选项；区域选择"任意"选项。

⑤ 公差："0.01"；径向余量："1.0"；轴向余量："0.05"。

⑥ 行距："22.0"。

⑦ 不安全段移去：勾选"移去小于分界值的段"复选框；分界值："0.8"；勾选"仅移去闭合区域段"复选框。

⑧ 多重切削：切削次数"2"；下切步距"0.16"。

⑨ 轮廓光顺半径"0.06"；赛车线光顺："16.0"。

⑩ 快进间隙："101"；下切间隙："1"；单击"计算"按钮；快进高度："436"；下切高度："336"。切入：第一选择"斜向"，沿着"圆"，最大左倾角"2.0"，斜向高度"0.3"；切出：第一选择"水平圆弧"，线性移动"0.0"，角度"45.0"，半径"0.5"；连接：第一选择"圆形圆弧"，应用约束距离"10.0"。

⑪ 主轴转速："1700"；切削进给率："1350"；下切进给率："945"。

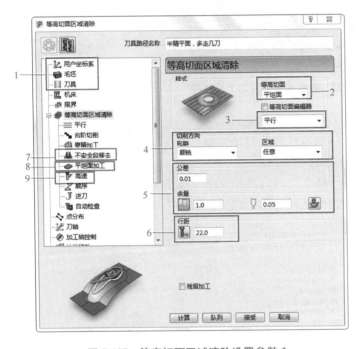
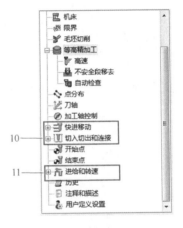

图 7-127　等高切面区域清除设置参数 1　　　图 7-128　等高切面区域清除设置参数 2

4）生成刀具路径。单击"计算"按钮，得出如图 7-129 所示的刀具路径。

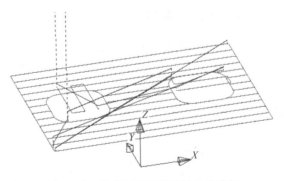

图 7-129　等高切面区域清除刀具路径

（4）大平面光刀（用山特维特刀具） 在上一条刀具路径设置界面单击左上方的"基于此刀具路径产生一新的刀具路径"按钮，如图 7-130 所示，部分参数更改如下：

1）刀具：选择"D32R0.8-L120-H120-山特维特-T3"。

2）多重切削：切削次数"1"（或者取消勾选"多重切削"复选框）。

3）公差："0.005"；径向余量："1.0"；轴向余量："0.0"。

4）主轴转速："2200"；切削进给率："600"。

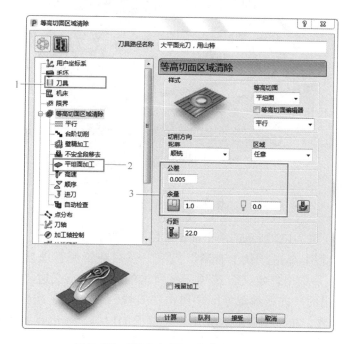

图 7-130 "等高切面区域清除"对话框

生成的刀具路径如图 7-131 所示。

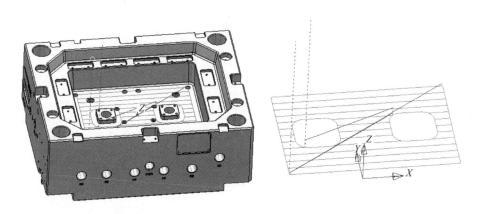

图 7-131 大平面光刀的刀具路径

（5）试加工（径向余量"0.01"，轴向余量"0.0"） 在内框中，基准边的两个内框侧壁要求精度±0.01mm，但一条刀具路径加工的时间很长，如果每条修配都走，则效率低而且浪费时间，所以可以做些试切刀具路径（图 7-132）。

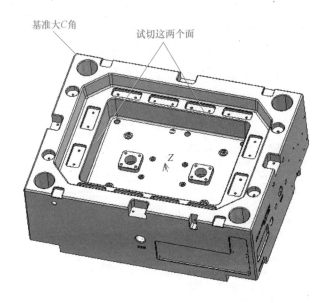

图 7-132　试切面

1）创建边界。在图 7-132 所示的两个面创建两个边界。

在"查看"工具栏上单击"从上查看"按钮，然后在资源管理器上右击"边界"选项，选择"定义边界"→"用户定义"选项，在弹出的"用户定义边界"对话框中，单击"勾画"按钮，在弹出的"曲线编辑器"中单击"直线"→"矩形"按钮，在试切的两个侧面手动创建两个小边界，注意创建的边界一边在侧面的内侧，一边在侧面的外侧（外侧跟模型侧面的距离大于刀具半径，否则就算不出刀具路径）。

勾画的边界与刀具及精光侧壁的大致距离如图 7-133 所示。

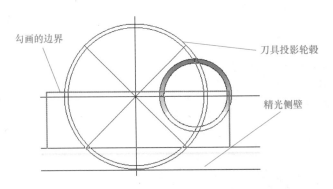

图 7-133　勾画的边界与刀具及精光侧壁的大致距离

创建的边界如图 7-134 所示。

2）创建毛坯。在主工具栏中单击"毛坯"按钮，在"毛坯"对话框中的"由…定义"下拉列表框中选择"边界"选项，选择内框中的倒角和侧壁，单击"计算"毛坯，然后单击"锁定最大 Z"按钮，Z 长度为"20.0"，如图 7-135 所示。

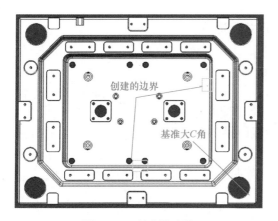

图 7-134 创建的边界

图 7-135 创建毛坯

隐藏模型生成的毛坯如图 7-136 所示。显示模型如图 7-137 所示。

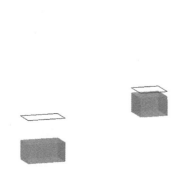

图 7-136 隐藏模型生成的毛坯

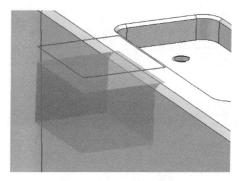

图 7-137 显示模型

3）选取策略。在主工具栏上单击"刀具路径策略"按钮，选取等高精加工策略（图 7-138）。

图 7-138 选取等高精加工策略

4）设置参数。等高精加工的参数按图 7-139 和图 7-140 所示进行设置。

① 用户坐标系：选择坐标系"1"；毛坯：默认选用刚才创建的毛坯，注意检查；刀具：

选择 "D32R0. 8-L120-H120-戴杰-T4"。

② 公差: "0.005"; 切削方向: 选择 "任意" 选项。

③ 径向余量: "0.01"; 轴向余量: "0.0"。

④ 最小下切步距: "0.7"。

⑤ 限界: 选择刚才创建的边界。

⑥ 高速: 勾选 "修圆拐角" 复选框, 半径 "0.06"。

⑦ 不安全段移去: 勾选 "移去小于分界值的段" 复选框; 分界值: "0.8"; 勾选 "仅移去闭合区域段" 复选框。

⑧ 下切间隙: "101"; 快进间隙: "1"; 快进高度: "436"; 下切高度: "336"。

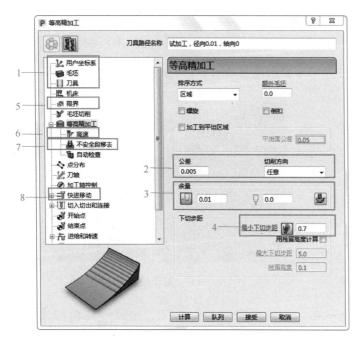

图 7-139　等高精加工设置参数 1

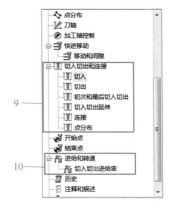

图 7-140　等高精加工设置参数 2

⑨ 切入: 第一选择 "水平圆弧", 线性移动 "0.0", 角度 "60", 半径 "1.0"; 切出: 第一选择 "水平圆弧", 线性移动 "0.0", 角度 "60", 半径 "1.0"; 连接: 第一选择 "圆形圆弧", 应用约束距离 "10.0"。

⑩ 主轴转速: "3402"; 切削进给率: "2700"; 下切进给率: "1890"; 冷却: 选择 "标准" 选项。

5) 生成刀具路径。单击 "计算" 按钮, 得出如图 7-141 所示的刀具路径。

(6) 试加工 (径向余量 "0.0", 轴向余量 "0.0")　右击上一条试加工刀具路径, 选择 "设置" 选项, 然后在刀具路径设置界面单击左上方的 "基于此刀具路径产生一新的刀具路径" 按钮, 其他参数不变, 径向余量修改为 "0.0", 得出径向和轴向余量都为 "0.0" 的试加工刀具路径。

(7) 试加工 (径向余量 "-0.01", 轴向余量 "0.0")　右击上一条试加工刀具路径, 选择 "设置" 选项, 然后在刀具路径设置界面单击左上方的 "基于此刀具路径产生一新的

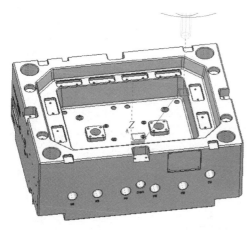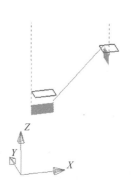

图 7-141 等高试加工刀具路径

刀具路径"按钮，其他参数不变，径向余量修改为"-0.01"，得出径向余量为"-0.01"和轴向余量为"0.0"的试加工刀具路径。

（8）试加工（径向余量"-0.02"，轴向余量"0.0"） 右击上一条试加工刀具路径，选择"设置"选项，然后在刀具路径设置界面单击左上方的"基于此刀具路径产生一新的刀具路径"按钮，其他参数不变，径向余量修改为"-0.02"，得出径向余量为"-0.02"和轴向余量为"0.0"的试加工刀具路径。

（9）精加工（径向余量"0.01"，轴向余量"0.0"） 如图 7-142 所示，选取曲面精定位的侧壁。

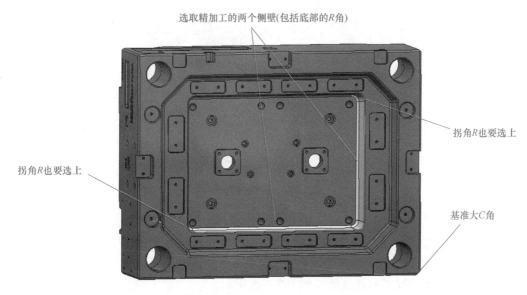

选取精加工的两个侧壁(包括底部的R角)

拐角R也要选上

拐角R也要选上

基准大C角

图 7-142 选取曲面精定位的侧壁

1）创建边界。在资源管理器上右击"边界"选项，选择"定义边界"→"已选曲面"选项（图 7-143a），在弹出的"已选曲面边界"对话框中，按如图 7-143b 所示进行参数设置，最后单击"应用"按钮。

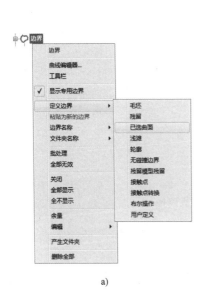 

图 7-143　参数设置

创建的边界如图 7-144 所示。

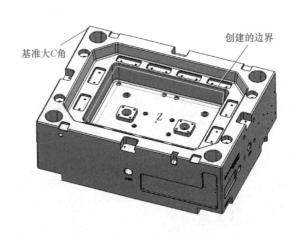

图 7-144　创建的边界

2）生成刀具路径。右击上一条试加工刀具路径，选择"设置"选项，然后在刀具路径设置界面单击左上方的"基于此刀具路径产生一新的刀具路径"按钮，其他参数不变，在限界上选择刚才创建的边界，径向余量修改为"0.01"，得出径向余量为"0.01"和轴向余量为"0.0"的等高精加工刀具路径，如图 7-145 所示。

（10）精加工（径向余量"0.0"，轴向余量"0.0"）　右击上一条试加工刀具路径，选择"设置"选项，然后在刀具路径设置界面单击左上方的"基于此刀具路径产生一新的刀具路径"按钮，其他参数不变，径向余量修改为"0.0"，得出径向余量和轴向余量都为"0.0"的精加工刀具路径。

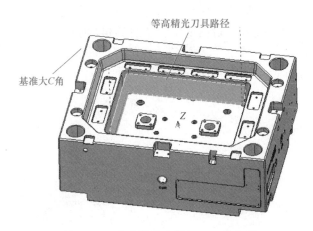

图 7-145 生成的等高精加工刀具路径

（11）精加工（径向余量"-0.01"，轴向余量"0.0"） 右击上一条精加工刀具路径，选择"设置"选项，然后在刀具路径设置界面单击左上方的"基于此刀具路径产生一新的刀具路径"，其他参数不变，径向余量修改为"-0.01"，得出径向余量为"-0.01"和轴向余量为"0.0"的精加工刀具路径。

（12）精加工（径向余量"-0.02"，轴向余量"0.0"） 右击上一条精加工刀具路径，选择"设置"选项，然后在刀具路径设置界面单击左上方的"基于此刀具路径产生一新的刀具路径"按钮，其他参数不变，径向余量修改为"-0.02"，得出径向余量为"-0.02"和轴向余量为"0.0"的精加工刀具路径。

（13）精加工（径向余量"-0.03"，轴向余量"0.0"） 右击上一条精加工刀具路径，选择"设置"选项，然后在刀具路径设置界面单击左上方的"基于此刀具路径产生一新的刀具路径"按钮，其他参数不变，径向余量修改为"-0.03"，得出径向余量为"-0.03"和轴向余量为"0.0"的精加工刀具路径。

（14）精加工侧壁非精度面 如图 7-146 所示，选取模型非精定位的两个侧壁。

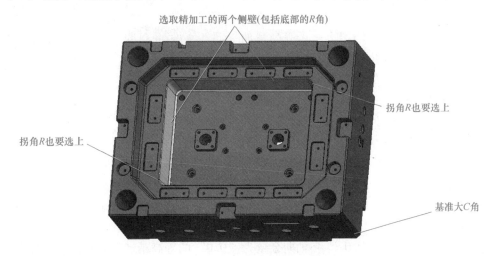

图 7-146 选取非精度面

1）创建边界。在资源管理器上右击"边界"选项，选择"定义边界"→"已选曲面"选项，在弹出的"已选曲面边界"对话框中，按图 7-147 所示进行参数设置，最后单击下方的"应用"按钮。

图 7-147　创建边界

2）生成刀具路径。右击上一条等高精加工刀具路径，选择"设置"选项，然后在刀具路径设置界面单击左上方的"基于此刀具路径产生一新的刀具路径"按钮，修改刀具为"D32R3-L120-H120-T4"，在限界上选择刚才创建的边界，径向余量修改为"-0.015"，其他参数不变。得出径向余量为"-0.015"和轴向余量为"0.0"的等高精加工刀具路径，如图 7-148 所示。

（15）底部平面清角　右击上一条等高精加工刀具路径，选择"设置"选项，然后在刀具路径设置界面单击左上方的"基于此刀具路径产生一新的刀具路径"按钮，部分参数修改如下：

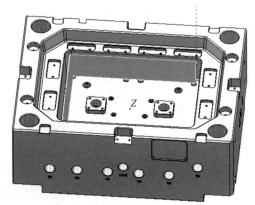

图 7-148　等高精加工刀具路径

1）选取如图 7-149 所示的平面，单击主工具栏的"毛坯"按钮，扩展文本框中输入"2"，单击"计算"按钮。

2）刀具仍然选择"D32R3-L120-H120-T4"，在限界上不选择任何边界。

3）如图 7-150 所示，径向余量修改为"0.01"，勾选"加工到平坦区域"复选框，其他参数不变。

4）得出径向余量为"0.01"和轴向余量为"0.0"的等高精加工刀具路径，如图 7-151 所示。

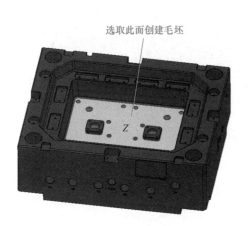

图 7-149 选取平面

图 7-150 修改参数

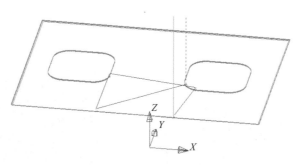

图 7-151 刀具路径

激活生成的刀具路径，并调取"刀具路径"工具栏，单击接触点，生成如图 7-152 所示刀具路径，再对生成的刀具路径进行删减，把除了底部的最后一条刀具路径之外的其他刀具路径全部删除，凸台的刀具路径全部删除。

综上操作，得到如图 7-153 所示的刀具路径。

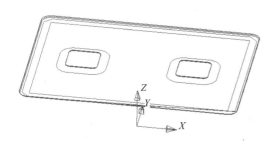

图 7-152 删减前的刀具路径

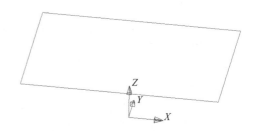

图 7-153 删减后的刀具路径

（16）底部的孔倒角

1）创建边界。选取如图 7-154 所示的平面，右击资源管理器上的"边界"选项，选择

"定义边界"→"用户定义"选项，在"用户定义边界"对话框中单击"模型"按钮，取消显示模型后得到如图 7-155 所示的边界。

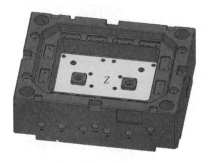

图 7-154　选取平面

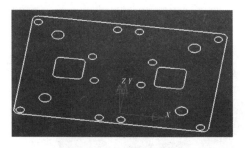

图 7-155　创建的边界

按〈Delete〉键对生成的多余边界进行删除，得到如图 7-156 所示的边界。

注意是删除除了有倒角的孔的边界。

2）创建毛坯。单击主工具栏上的"毛坯"按钮，在"毛坯"对话框中的"由… 定义"下拉列表框中选择刚才创建的边界，再在模型上选择一个孔的倒角边，如图 7-157 所示，单击"计算"按钮，按如图 7-158 所示在最小"Z"文本框中输入"118.0"，最后单击"接受"按钮，生成如图 7-159 所示的毛坯。

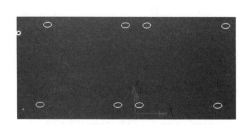

图 7-156　删除多余边界后的边界

图 7-157　孔的倒角边

3）设置参数。等高精加工的参数按图 7-160 和图 7-161 所示进行设置。

① 用户坐标系：选择坐标系"1"；毛坯：默认选用刚才创建的毛坯，注意检查；刀具：选择"RD6R0.5-H18-长短-T1"。

② 公差："0.01"；切削方向：选择"顺铣"选项。

③ 径向余量："0.0"，轴向余量："0.0"。

④ 最小下切步距："0.12"。

⑤ 限界：选择刚才创建的边界。

⑥ 高速：勾选"修圆拐角"复选框，半径"0.06"。

⑦ 不安全段移去：勾选"移去小于分界值的段"复选框；分界值："0.8"，单击"仅移去闭合区域段"。

⑧ 下切间隙："101"；快进间隙："1"；快进高度："436"；下切高度："336"。

⑨ 切入：第一选择"斜向"，沿着"圆"，最大左倾角"2"，斜向高度"0.3"；切出：

第一选择"水平圆弧",线性移动"0.0",角度"45",半径"0.5";连接:第一选择"圆形圆弧",应用约束距离"10.0"。

⑩ 主轴转速:"3000";切削进给率:"2000";下切进给率:"1400"。

图 7-158 修改参数

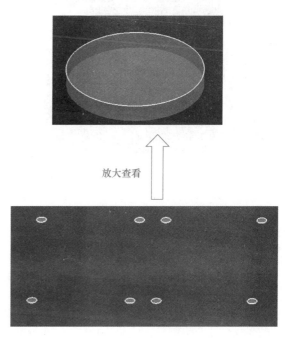

图 7-159 创建毛坯

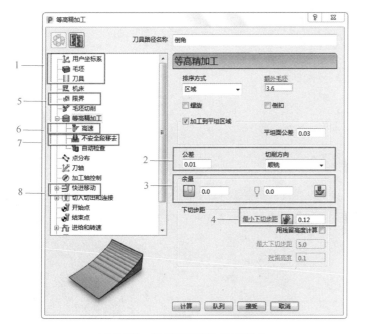

图 7-160 设置等高精加工参数 1

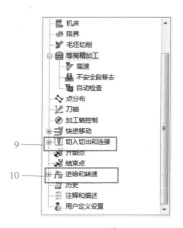

图 7-161 设置等高精加工参数 2

223

4）生成刀具路径。单击"计算"按钮，得出如图 7-162 所示的刀具路径。

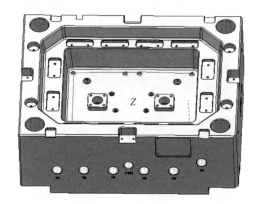 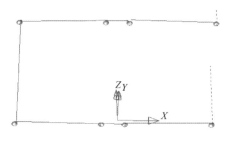

图 7-162　生成的铣削倒角的刀具路径

参 考 文 献

[1] 刘江，等. PowerMILL 2012 数控高速加工实例详解教程 [M]. 2 版. 北京：机械工业出版社，2014.

[2] 李万全，等. PowerMILL 2012 数控加工实用教程 [M]. 北京：机械工业出版社，2014.

[3] 寇文化. PowerMILL 数控铣多轴加工工艺与编程 [M]. 北京：化学工业出版社，2019.

[4] 朱克忆，彭劲枝. PowerMILL 2012 高速数控加工编程导航 [M]. 2 版. 北京：机械工业出版社，2016.

[5] 韩富平，田东婷. PowerMill 2018 四轴数控加工编程应用实例 [M]. 北京：机械工业出版社，2018.

[6] 朱克忆，彭劲枝. PowerMILL 多轴数控加工编程实用教程 [M]. 3 版. 北京：机械工业出版社，2019.

[7] 张键. VERICUT 8.2 数控仿真应用教程 [M]. 北京：机械工业出版社，2020.